珠宝的快乐

任进 著

中国友谊出版公司

目 录

下篇 | 我的老师

序

珠宝的快乐

——我与导师佛杜拉穿越时空的心灵对话

随着年龄的增长，我的记忆力明显下降了。但有一个外国人，他的名字、容貌以及代表作——一只大大的金镶红宝石石榴胸针——却总在我脑海中出现，并且不断深化，刻骨铭心，他就是佛杜拉（Verdura）。

蒂芙尼（Tiffany & Co.）曾经的珠宝设计总监让·史隆伯杰（Jean Schlumberger）在被指抄袭佛杜拉的作品“神鱼”时说：“佛杜拉是我创作上的导师，学生抄袭老师的作品有什么不对呢？”我也很想当他的学生。尽管远隔重洋，相距百年，他早已仙去，好在他“道”已修成，思想仍在人世间行走。就在半梦半醒之间，我们几度隔空相见，相谈甚欢。在这里，我要把和他的对话“真实”地记录下来，不仅代表了事业继承者对大师的致敬，同时也想让更多喜爱珠宝的人在大师的境界中得到快乐。

2013年3月29日于任进工作室

金镶红宝石石榴胸针（佛杜拉作品）。1960年设计

青花项牌（任进作品）

上篇 | 佛杜拉的故事

小公爵

在阶级社会中，每一个人都在一定的阶级地位中生活，各种思想无不打上阶级的烙印。

——毛泽东《实践论》

任：

嗨，醒醒！今天可能是因为提神的咖啡喝多了，已经半夜3点了，我却怎么也睡不着。又见着你啦！你们那儿还是白天吧，聊聊呗！

佛：

有什么好聊的呢？

任：

关于你的一切我都有兴趣。先说说你们贵族的那些事儿吧。

佛：

一百多年过去了，你不提，都不会有人问了。我出生在西西里岛，父辈是那里的世袭贵族。我家房间里陈列着意大利各个时期，特别是文艺复兴时期的许多作品，庄园内外到处可见忙碌的仆人们。每到礼拜日和圣诞节，我的祖母——整个家族的主心骨，总是把所有能请到的亲戚都召集来，开野餐会或各种Party（社交聚会）。他们总是让我穿戴成一个真正的绅士，尽管那些礼服穿在身上很不舒服，但却让我看上去十分尊贵。从那时起，我就知道，衣着是身份的象征，丝毫马虎不得。因为我是有身份的人，是未来要继位的西西里公爵。

任：

我也是一个有身份——证的人，哈哈！说到西西里岛，我脑子里出现的是两个完全不同的景象：一个是海阔天空，美丽绝伦的小岛；另一个是叼着雪茄，挺着大肚腩的黑手党头领。

佛：

哈哈，你说得没错。海岛美丽，黑手党猖獗，这也算是西西里岛的特色。我是家里唯一的男孩子，也是贵族爵位的唯一继承人，所以长辈们都很宠爱我。他们教给我各种高雅艺术，但小时候贪玩，我其实没有学到什么真本领。

任：

你是标准的“官二代”，继承的家当几辈子也花不完，但人活着总要做一些对社会有益的事，不然就是浪费生命。

佛：

是啊。在这个封建世袭制度终将彻底废除的时代，贵族称号带给我的也并不全都是尊重。要想在社会上维护一个贵族的尊严，也只有靠残存的“贵族精神”了。所以我算是一个典型的“末代破落贵族”。听说，你的家族在中国也是有些政治地位的？

任：

我们家可不是“贵族”，只是我的祖辈参加过中国的民主革命，跟着毛主席“打江山”，甚至为此牺牲了性命。他们不仅不是“贵族”，相反，还以“均贫富”为口号，以消灭贵族为目标，最终建立起了一个以公有制为主体的人民民主共和国。但到我这一代，就没有多大建树了。

佛：

我也听说过毛的名字，他的书发行数亿册，其发行量只有《圣经》可以媲美，算得上是名副其实的“畅销书”了。他的头像做成的胸针也是我们首饰行

1909年佛杜拉的家族聚会

业的“世界之最”，可惜我没有机会参与其中的设计……

任：

别乱说！这是对他老人家的不尊重，打住！还是说说贵族出身对你后来的珠宝首饰设计有哪些影响吧。

佛：

老人家？他和我年纪差不多。好了，还是回答你的问题吧。说起那些生活细节，几天几夜也说不完，你不会有兴趣听下去的，也许还会觉得我在吹牛。简单说，“贵族身份”带给我的影响就是高端的消费水准、精致的生活要求、独到的审美眼光、扎实的绘画能力，以及广泛的上层交际。

任：

这些都是职业珠宝设计师的重要素质，你从小就都有了。

佛：

是的，任老师，所以我后来也就真的以珠宝设计为职业了。

任：

千万别这么叫，你才是我的老师。中国古代有位先贤叫韩愈，他在《师

说》中写道，“生乎吾前，其闻道也固先乎吾，吾从而师之”，所以你当然是我的老师。中国传统的血统论思想说“龙生龙，凤生凤，老鼠的孩子会打洞”，你的上一代人，除了做官，有搞艺术的吗？

佛：

如果把贵族的品味和对奢侈品的体验作为一种艺术的话，我的长辈中真有不少艺术收藏家，他们挑剔的艺术眼光绝不输给任何艺术家。

任：

还是回到我们谈话的主题——珠宝设计吧。

佛：

其实，我是误打误撞开始设计珠宝的。此前，多数时间是在醉生梦死中荒废，还认为浪费时间是属于贵族特有的“浪漫”呢！

任：

给我讲讲你的“荒废”吧，也许那些生活也算一种潜在的学习。我想知道所有对你的设计构成影响的因素。

年少轻狂

少年不识愁滋味，爱上层楼。爱上层楼，为赋新词强说愁。

——辛弃疾《丑奴儿·书博山道中壁》

佛：

少年时期，我常常觉得学习太枯燥，所以每天到处去玩。从我们的房间到吃饭、学习的地方至少要跑一英里，而海边是每天必去的地方。

任：

后来你的大多数作品都与海洋生命、绿叶、果实有关，这得益于年少时无拘无束地游玩给你留下的深刻印象吗？

佛：

也许吧……但那时也并未想过以后会以此为设计主题。大概，这就是你们中国人所说的潜移默化吧。

巴黎高级定制贝壳耳饰（任进作品）

任：

晚上呢？你们那时又没有电视、网络，夜生活会不会很单调?会不会早早地“洗洗睡了”？

佛：

怎么会呢？对于一个欧洲贵族家庭来说，我们的夜生活相当丰富。我们常常彻夜狂欢，参加化妆舞会和篝火晚宴，以酒助兴，歌舞相伴。

巴黎高级定制贝壳耳饰（任进作品）

1923年佛杜拉和他的姐姐在蒙德罗[1]海滩上

任：

少年时期，好像你也上过公立学校吧？

佛：

是的，那个时代对我这样的家族而言是有些特别。贵族称号尚存，但我们的生活方式却越来越平民化了。读公立学校的时候，我也很想和其他同学一样，我最不愿意看到的就是家里那些仆人当着同学的面给我行礼，那会让我觉得自己在学校里是个“异类”。那时候，我的学习成绩并不好，母亲只能给我找家教来补课。

任：

这样的日子过了多久？

佛：

没多久。在我十五岁那年，祖母病重去世，家道没落，我和母亲被迫迁回老庄园。姐姐曾哭着对我说，再也没有化妆舞会和好衣服了。

① 蒙德罗（Mondello）海滩：意大利西西里岛的美丽海滩。

1907年佛杜拉与玛利亚·菲利斯的角色扮演。
玛利亚穿着黑色郁金香戏服，佛杜拉则以印第安人和法国花花公子造型拍照

任：

哭有什么用，以后的生活中也许还有更糟的事发生呢。

佛：

你可真是乌鸦嘴，是的，那就是第一次世界大战。1917年，我参加了意大利与德国的战争，从一个少尉升到了中尉。可没想到，一次失败的战斗使我肩部中弹负伤并失去了军衔，我只能回到老家休养。这时候的巴洛克庄园已经没有了往日的生机，加上亲戚们为了祖母留下的遗产争来抢去，官司不断，我的心情非常压抑，二十岁就愤然离开了老家，和几个朋友一起去了巴黎。

任：

为什么你会选择去巴黎呢？你是去追寻时尚吗？

佛：

当时真的没有什么明确的目的，可能只是因为我的祖先有法国血统，以及朋友们都想去那个自由浪漫和文化气息浓郁的欧洲中心，才一起结伴而行的。

任：

刚到巴黎的时候你靠什么安身立命？

佛：

我到底还是有些积累的。那时有不少贵族朋友也在巴黎，他们都很喜欢我——不知是因为我公爵的名头，还是因为我幽默活跃的性格，我很快就融入了法国的上流社会。

任：

那你是怎么干起珠宝设计这一行儿的呢？

佛：

也是通过朋友介绍，我当时认识了名气不小的可可·香奈儿。她看中我的基础绘画能力和独特的贵族式审美。经过面试，我进入了香奈儿公司的设计部。一开始，主要是参与服装设计，后来我的一些服装配饰设计得到了香奈儿的赏识，这便更多地做起了珠宝首饰的设计。

20世纪二三十年代巴黎社会的焦点舞会。佛杜拉打扮成一名土耳其战士，搭救一位落难的少女

巴黎巴巴

物以类聚，人以群分。

——刘向《战国策·齐策三》

任：

那么，是谁把你引荐给香奈儿的呢？

佛：

这就要先说说巴巴家族。这是一个起源于德国的银行世家，和犹太金融财阀罗斯柴尔德家族[1]有着密切的联系。定居英国之前，他们被封为男爵，在拿破仑三世[2]统治时期繁荣起来，并以资助艺术而闻名。

① 罗斯柴尔德家族（Rothschild Family）：发迹于18世纪末19世纪初，创建了欧洲的金融和现代银行制度，是欧洲著名的金融家族。

② 拿破仑三世：全名路易-拿破仑·波拿巴，法兰西第二共和国总统，法兰西第二帝国皇帝。

1929年佛杜拉与巴巴等人一同参加化妆舞会

任：

你经常参加巴巴家族的活动？

佛：

是的。尽管巴巴没有一个标准的沙龙，也没有特定的设宴款待日，但大家还是会时常在晚上过来，在她家的别墅里喝上一杯，然后再去剧院或者共进晚餐。那些艺术家们也常光顾一个叫“无所事事”的酒吧，那是一家很流行的酒吧，名字取自1920年一个讲述纽约“无所事事酒吧”的歌剧。对常客来说，这家酒吧是“命运的十字路口和爱的摇篮”，局外人则认为这个酒吧“是让人感觉和谐舒适的时尚”。作曲家乔治·奥瑞克（Georges Auric）和他的奥地利画家妻子诺拉（Nora Auric），设计师让·雨果（Jeane Hugo）和瓦伦汀娜·雨果

（Valentine Hugo）夫妻俩，还有超现实主义[1]大师萨尔瓦多·达利，芭蕾舞蹈家谢尔吉·里法都常常在那里聚会。

任：

这样的聚会，除了结识了一些高端朋友，还有什么收获呢？

佛：

在这个富于创造力和生命力的团体里，我的创作欲被激发起来，制作有趣的仿制品就成了我的爱好。当然，我的内心也时常充满了某种恐惧感。

任：

为什么会有恐惧感呢？

佛：

在这里，每个人都有自己的事业，都是各自领域的佼佼者，而我，不过是顶着一个过时的公爵头衔的大闲人，怎么能不感到恐慌？

任：

聚会女主角巴巴是你的红颜知己吗？

佛：

乱猜！当然，巴巴有一张细长苍白的脸，漆黑杏仁般的眼睛，所以经常被大家比作微型画中的波斯公主。在美国《时尚》杂志主编贝蒂娜·巴拉德（Bettina Ballard）看来，巴巴的美源自于她的脸庞——不苟言笑，带有东方的韵味。

她有着惊艳的时髦感，极富吸引力。她佩戴的手镯、胸针和项链在举手投足间叮当作响,而她的声音也和她的长相一样别致。

巴巴总是以时尚的方式表现着自我，一次次地引领着圈内时尚的潮流。她为自己设计的衣服总是得到大家的赞赏，并被争先效仿。而那小的晚礼服帽、向上绑的头巾、羽毛装饰、黑色蕾丝……就连简单地用蝴蝶结将头发绑在脑后也会引发模仿热潮。

任：

是巴巴引荐你认识了香奈儿？

---

① 超现实主义（Surrealism）：法国兴起的文学艺术流派，致力于呈现人类的潜意识心理，放弃以逻辑、有序的经验记忆力为基础的现实形象。

香奈儿身着小黑裙

佛：

不，是我的堂兄，男爵乌戈·奥多，他是巴巴交际圈的“外层人物”。作为当时为香奈儿公司工作的众多贵族之一，他意识到我有绘画才能，就积极安排了我和香奈儿见面。当时的香奈儿正值事业的巅峰时期，刚刚推出了“你可以穿着它在任何时间去任何地方”的“小黑裙”设计。

任：

在那样的聚会上，你第一次见到香奈儿？

佛：

其实此前，我们曾在威尼斯有过一面之交，但直到巴巴的聚会，我才第一次近距离地接触到香奈儿。当时四十四岁的她已经形成了一直维持到老年时期的装扮风格：闪着光泽的黑色波浪头，粉嫩的皮肤，深色的眼影，暗红色的厚嘴唇。有人谄媚地称赞她是黑天鹅，但在我看来，香奈儿的脸更像是“美妙的日本面具”——一个日本武士的面具。

面试出乎意料的成功，我立即被聘为设计师，进入了香奈儿公司发展迅速的纺织品部门。

*Vogue*首次介绍香奈尔小黑裙

任：

你为什么会选择到香奈儿的公司工作呢？是因为你喜欢这个工作，还是想接近香奈儿呀，目的不纯呦。

佛：

你可真够八卦的！其实是因为朋友介绍，更是因为我在巴黎已有一段时间，需要找个工作，不能坐吃山空。

香奈儿时代

香奈儿生来就是为了装扮女人的。

——贾斯迪妮·皮卡蒂《可可·香奈儿》

佛：

在1927年我进入香奈儿公司时，香奈儿正计划实施一项财政行动，收购在阿涅尔[①]郊区的布拉·贝莱尔纺织厂。那一年，法国实施社保政策导致了雇用工人费用的增加，为了降低成本，从工厂到公司，香奈儿亲自去抓每一道生产流程。我也会参与到相关的创意讨论中，提出自己的意见。比如："为什么不从蒙雷阿莱大教堂[②]的马赛克画里寻找一个主题？""如果将威尼斯圣马可

① 阿涅尔：巴黎西北部的一座城市。

② 蒙雷阿莱（Monreale）大教堂：位于意大利西西里岛的教堂，世界上现存最大的诺曼式建筑，始建于1174年。

1935年，佛杜拉将手镯展示给香奈儿

大教堂[1]彩色镶嵌物中的图案提取出来会怎么样？”印花和条纹是香奈儿套装最常采用的面料图案，外套的衬里和裙子的织物是相搭配的。我在作品里也时常会用到带锯齿和尖角的线条。

任：

那正好符合当时的几何图形流行趋势，也说明你对历史装饰物有浓厚的兴趣。你所钟情的色调，暗哑的灰色、淡紫色和浅黄褐色形成了和谐且时髦的对比。所以你设计的衣服是华丽的，更适合做正式的晚礼服而不是日常服饰。

佛：

当时的《时尚芭莎》将香奈儿套装称为“富有魅力的衬裙式服装”，这条报道引来时尚媒体的广泛关注。几年之后，香奈儿开始雇用贵族为她工作。那时候，她雇用的多是俄国人。无论为香奈儿制作帽子的负责人，还是设计明亮色调的刺绣的主管，都是老贵族。身着香奈儿服饰的一波又一波的英国人、法国人和意大利人成为上流社会的新贵族，确保了香奈儿公司的服饰在上流社会有人穿戴，并引人注目。

---

① 圣马可大教堂（Basilica San Marco）：位于威尼斯市中心的圣马可广场上，始建于公元829年，重建于1043-1071年，它曾是中世纪欧洲最大的教堂。

镁蛋白石手镯（佛杜拉作品）。表面是由金属、彩色宝石和钻石拼嵌而成的马耳他十字架

任：

让有名望的客人免费穿她的服装，广告效应不言而喻，香奈儿这种做法可谓互惠互利，她可真是不花冤枉钱呀！

佛：

的确，这是香奈儿处理公共关系的重要策略。因为当时的裁缝仍被认为是服装供应商，而不是引领社会潮流的人。他们和顾客没有共同点，也很难得到客人的尊敬与重视。

在有些人看来，香奈儿之所以养着一批“交际花”，是想要对自己做姘妇时怠慢自己的人进行报复。虽然她否认雇用贵族仅仅是为了“填补她的空虚或者羞辱他们”，但是隐约的复仇感还是存在的。不单是他们冷傲的态度、出众的才华博得了香奈儿的尊敬，更重要的是，她想要操控并使唤他们所特有的风趣、机敏、反叛和傲慢。不管香奈儿的真正目的是什么，她身旁总是围绕着一群上层人士，她掌控着高级聚会，仿佛只有这样她才能安然入睡。

尽管不愿意承认，但她的确从那些有身份地位的人身上收获良多。香奈儿和许多有钱有势的花花公子有过私情，他们赞助过香奈儿早期的女帽和头饰事业。

香奈儿无法否认自己卑微的出身，她是一个流动小摊贩的私生女，在女修道院长大，而她的哥哥则靠在集市上卖鞋子养活一家。

2013年巴黎高级定制系列红碧玺手镯（任进作品）

任：

你算是那些花花公子之一吗？哈哈！好吧，换个问题！早期你为香奈儿公司设计过哪些首饰？

佛：

我为香奈儿公司设计的第一批首饰风格粗犷，颜色丰富，但作品本身还未具有成熟的雕刻质感。在绽放的金属花瓣上镶嵌着长方形的蓝宝石、圆形和椭圆形的绿色碧玺、黄水晶、石榴石、海蓝宝石、黄色正长石、天然水晶、粉色碧玺和粉色蓝宝石……那些表面上看起来随意摆放的宝石透过阴影来表现空间关系，它们看起来就像金属镶着半宝石的法国英勇十字勋章，几乎所有的香奈儿套装上都别着它。这类装饰性的别针是我的早期代表作之一。

自第一次世界大战后，人们对奖牌和徽章的热情与日俱增。整个1919年，珠宝商们都试图以圣灵为主题来制作胸针，上面挂着沉甸甸的金银坠子。将这些具有“原始意味”的装饰品搭配在粗缝边的西装和裙子上，使之看起来比那些“精致的珠宝”更具魅力。

2013年巴黎高级定制系列孔雀耳饰、手环（任进作品）

任：

不太成熟的早期作品，往往是最具有原始创作激情的。

我觉得你在香奈儿工作期间学习到了不少专业知识，这为你后来的独立工作奠定了坚实的基础。

佛：

的确如此，没有这八年的工作积累就没有后来的佛杜拉品牌，不过我也为香奈儿作了不少贡献呀，她长年佩戴我设计的手镯就是一个有力的证明。

现代巴洛克

巴洛克（Baroque）源于葡萄牙语（Barroco），原意指不规则的珍珠，意大利语（Barocco）中有奇特、古怪、变形等解释。

——百度百科

黄金胸针（佛杜拉作品）。具有早期装饰艺术风格，上面镶嵌着彩色宝石

任：

你是如何理解现代巴洛克艺术风格①的呢？

佛：

自由的不规则，自然的随意性，以及那些艺术作品所隐含的某种感性意味，时常在我的脑海中游荡。我的故乡西西里也盛产这种具有巴洛克风格的珍珠，这也许是上天送给我的礼物，完全符合我自在无约束的性格。

任：

现代巴洛克风格影响了你，你又用这个风格影响了我们珠宝设计界。

佛：

现代巴洛克对我的影响尤为深刻。这一时期的首饰作品也展现出了更高层次的设计理念，仿佛在向德国早期色彩繁复的珠宝镶嵌工艺致敬。在和香奈儿一道旅行的途中，我们参观了艾克斯拉沙佩勒大教堂②的宝库，参观了由慕尼黑维特尔斯巴赫王朝珍宝馆③保存的中世纪后期的教堂装饰物——造型简单，色彩反差极大，很明显是受到当时矫饰主义④的熏陶。

任：

直到如今，你那些珍贵的设计手稿还完好无损地保存着——设计图上有蓝色和金色珐琅镶嵌的红色素面宝石、镶有金边的珍珠饰品等。

佛：

当时的《时尚》杂志对“现代首饰流行趋势”做出了这样的评论：“我们见证了一场货真价实的饰品复苏，当下流行的珠宝正是对祖辈们质地坚硬的装饰品的缅怀。曾在维多利亚后期风行的半宝石设计也随之出现，这和几年前流行的合成宝石饰品风格背道而驰。但是，老一辈的设计只是为了表现简单和质朴的形状，以宝石颜色和不同的材质排列为主，而当今却流行将闪耀着光泽的珍贵宝石——例如钻石、蓝宝石、海蓝宝石等嵌入质地坚硬的半宝石中去，例如玉髓、天青石和水晶。这种时尚的搭配方法取得了令人意想不到的效果，色彩看上去非常和谐，再加上其他各种奇思妙想，各种类型金属材质的手镯逐渐取

---

① 巴洛克艺术风格：16世纪下半叶出现在意大利，多以不规则的形式起伏的线条表现出宏伟、生动、热烈、奔放的艺术效果。

② 艾克斯拉沙佩勒大教堂：即亚琛大教堂。公元796年，统治了大半个欧洲的查理曼大帝命建筑师奥多建造，教堂融入了古典主义及拜占庭艺术的特征，15世纪又增加了哥特式祭坛。艾克斯拉沙佩勒为德国城市亚琛的旧称。

③ 维特尔斯巴赫王朝珍宝馆：1565年由阿尔布雷希特公爵所建造，共有130个展厅，是欧洲最重要的宫殿博物馆之一。

④ 矫饰主义：源于意大利语Maniera，又译风格主义或样式主义。它反对理性对绘画的指导作用，强调艺术家内心体验与个人表现，绘画精细，效果华丽，多戏剧场面，用不对称和动荡取代统一风格。

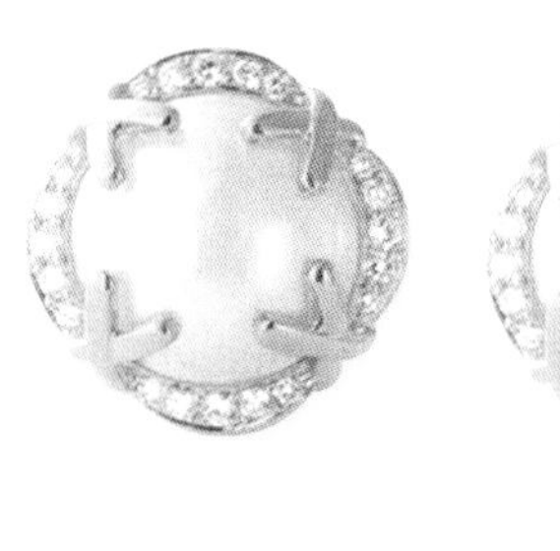

夹式耳环（佛杜拉作品）。上面镶着马贝珍珠和钻石

代了各色宝石手链的流行风向——人们在多年前曾经佩戴过这种手镯，当时，它还是手臂上唯一的装饰物。与此同时，一度被忽视的项链也重新回归到大众的视野中。”

任：

为什么你会对这篇杂志内容的记忆如此深刻呢？

佛：

因为文中选用了我的作品，其中展示的黄金盾牌胸针是我设计的。该胸针中间镶嵌着祖母绿，周围环绕的是正方形、长方形和椭圆形的宝石。人们称其为“搭配运动服装的首饰”，因为它大多数时候是在户外佩戴的。

另外有几件类似的饰品也都赢得了香奈儿的喜爱，在巴黎的那些日子，她经常把它们别在领口上。比如我设计的扇形夹式耳环和带有十字图案的椭圆胸针。我尝试着把各种切工的祖母绿、黄水晶、钻石和蓝宝石镶嵌到镂空的金属中去。

在香奈儿公司1934年的春季展览会上，我展出了一些不那么昂贵的首饰作品，例如以黄金为基本材质、镶嵌着各种宝石的手镯和耳饰。展出引起轰动，效果相当不错。

此时，我已经成为香奈儿公司的灵魂人物。当时《时尚》杂志的报道说：“在安提布饭店一年一度的开幕典礼上，让·路易斯·佛西尼·露西尼公主穿着特别设计的裙子，搭配了一双金光闪闪的凉鞋。当然，她佩戴的珠宝都出自佛杜拉公爵之手。其中一个沉甸甸的黄金手镯上镶嵌着璀璨的宝石，让人们感受到了拜占庭[①]时期的蛮荒气息。”

任：

那时你是多么春风得意啊，可为什么后来还要离开香奈儿公司呢？

佛：

就在我们这些设计师身价倍增的时候，香奈儿却陷入了和投资人的纠纷之中。合同期满，我认为离开香奈儿公司的时机已经成熟。尽管我们私交不错，香奈儿在艺术领域也十分慷慨，但她还是过于严苛。对待员工也绝对算不上大方。

任：

背靠大树好乘凉，你应该珍惜香奈儿给你的机会呀。

佛：

实话说，那时候无论是工作还是感情上，我对香奈儿都有些依赖。但让我

---

① 拜占庭：即东罗马帝国。这个名称起源于东罗马帝国首都君士坦丁的前身——古希腊的殖民地拜占庭城。

2013年巴黎高级定制耳饰（任进作品）

巴洛克风格别针（佛杜拉作品）。前者由碧玺、钻石和珍珠制成，后者由黑欧泊、珍珠和钻石镶嵌而成

异形珍珠作品“鸟鱼”（任进作品）

很不舒服的是，她对贵族似乎有一种潜在的憎恨，这可能和她的出身有关。她在感情上独立性很强，工作上更近乎苛刻，八年啊，时间太久了！她的孤傲令我感到难以忍受，后来我不得不离开巴黎，独自一人到了美国。

任：

是她让你受不了逃离，还是你心中那颗孤傲、自由的贵族设计师的心让你冲出去？

佛：

可能两者都有，但无论如何，她是第一个在设计方面认可我，并认真对待我的人。

任：

虽然你反复强调香奈儿性情乖僻，没有哪个男人能真正拥有她，但当时周围都流传着她即将和公司内的另一位珠宝设计师结婚的消息。说真的，是这让你受不了吧！

佛：

当然，如果事实如此，我的工作权限就会受到严重的限制。对于我来说，当时在巴黎另开一家属于自己的公司几乎是不可能的。我完全没有要和香奈儿竞争的意思，也并不想去收购那些顶级的珠宝首饰品牌。当时在巴黎，有天赋的设计师随处可见，他们中大部分人幕后都有财团的经济支持。另外，美国的朋友和亲戚也帮助我在纽约落脚发展，我的事业和生活也就在这个新兴的高速发展的国家真正起步了。

任：

经历过大起大落的生活变化，你还秉承着传统的贵族精神，并拥有广泛的上层人脉，再加上独特的创作天分，从意大利到巴黎，再落脚美国，你最终找到了属于自己的艺术领域，并游刃有余地发挥着自己的个人魅力和想象力。这太好了！

佛：

我想，真正的好作品不愁没有人赏识的。

好莱坞激情

好莱坞，一个编织梦想的地方，但在1886年，不过是一片韦尔考克斯夫人的冬青树林。[①]

——百度百科

任：

刚到美国的你之所以选择了好莱坞，是想与那些电影明星相识，找到自己的“赞助商”吗？

佛：

是的。从1938年开始，我的明星客户与日俱增，像康斯坦斯·科利尔[②]、

① 1886年，房地产商韦尔考克斯在洛杉矶郊区买下了一块地，将他的夫人从英格兰运来的大批冬青树栽在这里，于是就有了好莱坞这个名字。在英语中，Hollywood是冬青树林的意思。

② 康斯坦斯·科利尔（Constance Collier）：英国女演员，代表作《蝴蝶梦》。

琼·克劳馥[①]，葛丽泰·嘉宝[②]、J.克伦威尔[③]等都是我的“赞助商”。

任：

可是仅服务这几个明星充其量不过是提升你知名度的一种手段，并不能解决你的经营困难啊！

佛：

是啊，这的确和我最初的想法非常不一样。因为当时的好莱坞被一群白俄罗斯老贵族把持，他们所中意的首饰基本都是那些已经成名的老品牌，对个性化创作的艺术珠宝并无太大兴趣，而且那时候的多数演员生活还很不稳定，今天有明天无，也不够实力收藏高档珠宝。

任：

不过你好像在好莱坞也住了一段时间呀，没有客户的时候你干什么呢？

佛：

当然首先是继续寻找商机，同时与上流社会圈子的人混呗，演艺界的人真是激情无限，精力充沛呀！

任：

那你就玩高兴啦！

佛：

玩得是很爽，但激情过后我空虚不已呀，我的无限创造力只能发挥在无聊的玩闹中，太浪费时间啦！

任：

你的想象力和贵族经历，能教给那些演员不少东西，可惜他们却不是你的顾客。在美国有很多人都认为你“有令人着迷的魔力”，你那忧郁的表情和冷笑话，会让人感到你是一个卓尔不群的老顽童。

听说你是一个擅长讲故事的人，这是否对你的商业化运作很有帮助？

佛：

光靠讲故事是远远不够的。要构建一个设计师品牌，并形成商业化的运作

① 琼·克劳馥（Joan Crawford）：原名露西尔·费伊·勒·萨埃尔，美国演员，奥斯卡影后。她的第四位丈夫是百事可乐总裁A.斯蒂勒，在丈夫去世后，克劳馥进军商业，为推广百事可乐立下汗马功劳。

② 葛丽泰·嘉宝（Greta Garbo）：好莱坞默片时代的电影皇后，代表作《茶花女》、《安娜·卡列尼娜》，曾获奥斯卡终身成就奖。

③ J.克伦威尔：好莱坞著名演员，代表作《人类枷锁》。

2013年高级定制作品“钻石红碧玺头冠”（任进作品）

模式，需要极大的勇气和魄力，朋友们的帮助与相互合作也必不可少。我有一个杰出的商业伙伴约瑟夫·伯德曼，他所起的作用至关重要。另一位是同样拥有西西里贵族血统的约瑟夫·阿法诺，他保存了大量我的设计草图。我从素描本中撕下来，甚至已被揉成纸团扔进废纸篓里的设计稿，通通被他精心收藏起来了。

任：

合作者除了对你的天分充满信心之外，也一定想看到你发挥自己赚钱的能力啊。

佛：

所以经过慎重的考虑，我决定离开外表光鲜亮丽的好莱坞，去一个真正踏实的事业发展圣地——曼哈顿。

通往曼哈顿之路

世界上最好的地方——曼哈顿。

——百度百科

任：

你的首家珠宝店建在哪里呀？

佛：

曼哈顿第五大道712号。这个地方多年前曾属于卡地亚，后来我们重新设计，请来一批有能力的工匠装修，并将其命名为“佛杜拉珠宝设计沙龙”。1939年9月1日，佛杜拉珠宝设计沙龙正式开业。

任：

为什么把珠宝店称为“沙龙”？

佛：

当时美国流行一种欧洲复古型的沙龙模式门店，含蓄之中带点奢华。我把七个宽敞的房间作为办公室，房间里四处摆放着路易十六时期的古董，高高的拱形镜子被镶在橡木墙中，窗户上还挂着厚重的红色天鹅绒垂帘。

虽然店面装潢采用了较为传统的设计，但我的首饰风格依旧是革命性的。当大多数珠宝商都倾向于优雅的“白色首饰”时，我宁愿选择彩金和彩色宝石。在首饰的细节上，我更是尽量做到“看不见的地方和看得见的地方同样好”——这是我从香奈儿那里学到的，力求完美与精益求精。

任：

对很多设计师来说，配色都是一个复杂的问题，你在设计中的色彩运用原则是什么呢？

佛：

我会首先选取色彩艳丽、体积适合、造型优美的自然参照物。比如蝴蝶、鸟翅、树叶、花朵等。我从未对蝴蝶这样的设计主题感到过厌烦，在没有什么新想法时，优美的蝴蝶结就会出现在我的设计稿中。因为蝴蝶的大小与首饰相似，在设计中容易改变形态，且图案上形态优美，色彩更是如宝石般瑰丽。美中不足的是，已经有太多设计师用过这个题材了，所以我在服饰上常用变了形的蝴蝶——蝴蝶结来表达，或许这样才能更加独树一帜。

任：

还有呢？多谈谈细节呗。

佛：

其次，我的灵感还来自羽毛。它们除了拥有绚丽的色彩，还有优美的线条，那是鸟儿在自然的演化中被空气雕琢而成的线条，既舒展又飘逸……鸟的身体和头部相对羽翼而言要小得很多，且结构复杂，设计中如果太具象了反倒不美。我曾为著名影星亨利·方达[①]设计过一个由粉红色托帕石和钻石组成的翅膀形胸针，正是在抽象与具象的对比中，产生了奇特的美感和情趣。

任：

从色彩方面看，我还是更喜欢你用各种小颗粒宝石镶嵌而成的树叶，那些小颗粒宝石色彩非常多。如果先出设计图，再配宝石恐怕会很难……你是先有那些宝石，才想到将这些宝石配成生动的树叶造型吗？

---

① 亨利·方达（Herry Forda）：美国著名影视演员、舞台剧演员，奥斯卡影后简·方达之父。

佛杜拉第一家沙龙的入口，该沙龙位于纽约第五大道712号

粉红色托帕石和钻石制成的胸针（佛杜拉作品）。1940年为亨利·方达设计

帕拉伊巴[①]彩色蓝宝石钻石胸针（任进作品）

① 帕拉伊巴：巴西东北部的一个州。

佛：

这就像一首歌，无论先作词还是先谱曲差别不大一样，先设计还是先找材料也都没有问题，顺其自然。可以用黄色钻石配彩色珐琅，也可以用碧玺加锆石，还可以将彩色的锆石拼镶在一起……总之，只要能让树叶色彩生动起来，就都没有问题。

任：

这倒是带给我很大的启发。你连人工合成的锆石都敢大量选用，选材上确实有所突破。我却总不敢逾越天然宝石的范畴。

佛：

其实我也很少使用合成材料，而且在我们那个年代，合成锆石也算比较稀少的宝石类型，并不便宜。大颗粒的宝石我也只用天然的。

任：

你做的那个石榴胸针是我最喜欢的。你怎么想到把红宝石、黄钻、黄金设计成熟透了的大石榴呢？

佛：

在我看来，石榴是宙斯之女的标志。传说她在西西里草丛采花时被冥王劫持，一颗石榴使其致命。这个主题是表达久居异国他乡的我对故乡西西里难以割舍的思念……

任：

很抱歉提到令你伤感的话题。

佛：

没什么，当我独处时，我偶尔也会莫名其妙地有一种背井离乡的愁绪。不过，还是说些好消息吧。1941年我搬进帕克街421号公寓，成为上流社会的一员。当我的名字出现在帝国剧院的全明星阵容时，我激动地颤抖起来，喜悦之情溢于言表。

任：

登上各种名人榜是时尚设计师的理想目标，这表明社会的认可。不过我对上榜的事持保留态度，媒体的渲染常常带有极大的功利心，客户的信任才是最高的荣誉。

枫叶胸针（佛杜拉作品）。上方作品由黄色钻石和彩色珐琅制成，下方作品由碧玺和锆石制成

蝶叶胸针（任进作品）

一叶情胸针“秋”（任进作品）

一叶情胸针“冬”（任进作品）

佛：

不能这样想，虽然上榜是虚荣的事，但或许珠宝首饰的高消费者本人就带有很强的虚荣心。你不会是吃不着葡萄说葡萄酸吧？

任：

实话说，对此我确实有点儿羡慕嫉妒恨呀！

佛：

你应该羡慕，嫉妒没必要，恨就更不好了。

任：

开个玩笑。

上流交际圈

关于人的知识对于每个人来说都是很有用的。对你尤其重要，因为你命中注定要去过一种丰富的公共生活，要与各种各样的人打交道。

——《查斯特菲尔德勋爵给儿子的信·通过自己的观察与领悟来识人》[①]

佛：

社会总是要分阶层的，传统的贵族体系消失了，新兴的资产阶级和社会名流会不断产生。无论在经济大萧条时代，还是战后的社会混乱时期，总有些人远离了痛苦和忙乱的人群，富有而世故。作为那个时代的“主旋律”，投资和收益是让他们大多数人更感兴趣的事。

任：

那么，究竟哪些人成了你的忠实客户？

---

① （美）查斯特菲尔德著、黄蓓译，《查斯特菲尔德勋爵给儿子的信》，中国发展出版社，2002年3月版。

佛：

个人设计品牌实现大客户定制的过程，其实就是一个在上流社会与人交流的过程。我到达美国的第一站是好莱坞，因为我擅长绘画，懂得装饰艺术和服装时尚，并有贵族血统，熟悉贵族礼仪，因此很快就得到了好莱坞电影界的关注，成为电影制片厂的“技术指导”。

任：

交际总是要花费大量的时间和精力。

佛：

但那个阶段我孤身一人，没有感情的牵扯，可以经常参加各种化妆舞会和晚宴，扮演各种充满想象的角色，还因此结识了不少朋友。但好莱坞并不是那么容易成功的地方，那时在影视界享有较高声誉的白俄罗斯贵族们，更加偏爱品牌知名度高的梵克雅宝和卡地亚。

任：

当时美国的情况似乎和现在的中国有点类似。

香烟盒（佛杜拉作品）。1955年为威廉·佩利[1]设计，由姓名的首字母拼合而成

---

① 威廉·佩利（Willian Pelli）：美国传媒业大亨，哥伦比亚广播公司（CBS）的创办者。

佛：

于是我又回到纽约，在那里，我的知名度要高一些。有几位重要的大客户，包括*Vogue*[①]杂志美国版的主编戴安娜·弗里兰（Diana Freeland）等人，给我介绍了不少客户。

任：

那你有没有刻意推广一下自己？

佛：

当然啦，我为自己设计了一个华丽的广告剧本，其中有一幅经典插画这样描述："如果连最亲爱的朋友和最感兴趣的敌人都对你惊叹，'怎么会有如此不可思议的胸针'，这是一件多么令人愉快的事情！你可以骄傲地告诉他：'哦亲爱的，这是佛杜拉的设计！'"

任：

这太有意思啦！设计师除了设计珠宝，更要设计自己的职业之路。但这么多工作，你一个人干得过来吗？

佛：

怎么可能一个人做呢？我招募了一个非常精干的团队，包括擅长珠宝镶嵌和手绘图的总监阿道夫·克里特；曾在纽约艺术联盟和巴黎高级美术学院深造过，并热衷设计黄金首饰的乔治·哈德利；另外还有三个设计师专门负责设计香烟盒、化妆盒等一些另类的珠宝饰品。大家意气相投，工作卓有成效。

任：

那件著名的马耳他十字架手镯也是在这个时期做的吗？

佛：

不，那是在1935年年底。香奈儿急切期望我返回巴黎帮她主持一段时间的珠宝生产线。第二年的春天，我接受香奈儿的邀请，设计了这款"马耳他十字

香奈儿手链（任进作品）

① *Vogue*：1892年开始公开发行的时尚杂志，内容涵盖时装、化妆、美容、健康等各个方面，被称为"时尚圣经"。

任进参加新浪微博之夜活动

陀飞轮手表（任进作品）

架”——用一对象牙色调的蛋白石为主体，表面由黄金、彩色宝石和钻石拼嵌。香奈儿非常喜欢这件作品，经常在参加大型活动时佩戴，这在她的许多照片中都可以见到。这成为我的代表作，而宣传展示这件作品的正是时尚领导者——香奈儿本人。

任：

太神奇了。香奈儿戴的首饰不是自己的产品而是佛杜拉的作品，多么好的广告啊。1999年，我也曾受托给香奈儿公司设计2000年亚洲区限量版钻石手链，可惜由于作品过于商业化，并没有引起太多的关注。

佛：

在缺乏历史的美国，一切都是新的，一切都在书写历史。我喜欢这种日新月异的时尚追求，但也会在西西里贵族的文化渊源中寻求灵感。所以我在美国发展的首要任务是设计一些“具有争议性话题的小玩意”，例如为我的好朋友，著名剧作家科尔·波特①的音乐剧《红色、火热与忧郁》（*Red, hot and blue*）在百老汇首次登台所设计的香烟盒。那是用铂金做成的方形盒子，上面镶嵌着放射状的圆形和长方形钻石，可以拆下来单独当作胸针佩戴，外部还铺以

香烟盒（佛杜拉作品）。1936年出现在科尔·波特《红色、火热与忧郁》的首演上，中间呈放射状的钻石装饰物可以拆卸下来做胸针

① 科尔·波特（Cole Porter）：美国男高音歌唱家，同时也是作词和作曲的创作大师，代表作《吻我，凯特》（*Kiss me Kate*）。

红蓝宝石，表面镶有许多小的钻石星辰，由黄金装饰四边和底部。这件作品的经典之处就在于，它可以让人轻松感受到那个时代的浪漫气息。

任：

珠宝首饰界有许多人喜欢以“艺术家”自居，做一些只适合摆放的超大首饰。这种“大等同于美”的观念你赞同吗？中国古代也有认为“大”就是美的，“羊大为美”。

佛：

的确，大颗粒优质天然宝石的价值不容忽视，但珠宝饰品之美绝不仅仅在于大，更在于作品中饱含的生命力。我更愿意将有生命力的动植物作为设计原型，像海狮、洋蓟[①]、伞菌、葡萄、玫瑰、菊花等。可能是由于绘画在表达方面的不足，也可能是因为我更想在自然形象之外，加入自己想象的内容，我设计的作品常常具有半真实半神话的形态。只是我没想到，那会被艺术界称为“具有超现实主义的时尚感”。当然，有时候在设计一件作品时，画着画着就越来越复杂了，当然也就逐渐习惯了这种首饰的大小。首饰是戴上让人看的，即便是画龙点睛也不能太小。这些大体量的首饰就像一幅幅画，内容丰富，造型生

蝶舞胸针（任进作品）

① 洋蓟：属菊科菜蓟，属中以花蕾供食的栽培种。原产于地中海中西部，现已广泛种植在美国、法国、比利时等地。

向日葵胸针（任进作品）

花形胸针（任进作品）

动，情趣盎然，耐人寻味，每一件都融入了我的创作心血。常舍不得卖呀！

任：

汲取自然生命美感，结合充满想象力的神奇造型与绚烂色彩，让你的作品活力四射，魅力不可抗拒。

佛：

或许，这正是我设计风格中的精髓——题材源于自然，形态超乎想象。

中篇｜设计灵感

珠宝与首饰

首饰能让人欣赏你的美丽，但不应该被用来炫耀。

——可可·香奈儿

珠宝的使命不是引来嫉妒，而是带给人们无限的美好遐想。

——佛杜拉

任：

许多人认为“首饰应该是搭配服装的”，昂贵的珠宝首饰与香奈儿用来搭配服装的假首饰之间有差异吗？

佛：

这种困惑是完全可以理解的，就是专业的珠宝学家也很难百分百地界定真假珠宝的含义。通常裁缝们会用羽毛、塑料、圆形金属亮片、骨头或纤维来点缀时装，但香奈儿却坚持认为，一个女人应该既戴得起真珠宝，也戴得出仿珠宝首饰。她说："我喜欢戴假的东西，这很刺激。如果仅仅因为富有，就戴上价值百万的珠宝，这一点儿也不显优雅。首饰能让人欣赏你的美丽，但不应该被用来炫耀。"我个人也认为，珠宝的使命不是引来嫉妒，而是能带给人们无限的美好遐想。

任：

你说的还是概念，"珠宝"和"首饰"究竟该怎样界定呢？这也许会关系到行业类别的划分和不同的税收标准。

佛：

税收问题我是一窍不通。不过，要非常明确地给出两者的界定的确不那么容易。在欧美商业中心区那些高档的首饰店中，天然的宝石、黄金、铂金首饰与那些仿真首饰常常放在一起出售。其实人们真的不必迷信什么高贵的珠宝。钻石不过是一块碳，珍珠不过是另一种母贝，红蓝宝石也就是三氧化二铝，至于红色的镁铝榴石中是多了点锰还是少了点铬，这对设计师和顾客来说又有什么关系呀，何必计较于此？

任：

明白了。你的创新理念之一就是，打破人们思想中固有的高档天然珠宝首饰与仿珠宝首饰之间的界限，让人们把更多的注意力集中到饰品本身独特的优

蓝宝石套件之耳饰（任进作品）

蓝宝石套件之项链（任进作品）

雅的情趣上。除去稀贵性，单从装饰意义上讲，珠宝与首饰本无界限。

佛：

对呀！当你使所有材料服务于一件精美的作品时，无论材料价格高低，只要用得合适就能充分发挥各自的优势。刻意地为保持天然珠宝的纯洁性而做的首饰会把消费者引入材料成本核算的误区里，从而大大地削弱设计的价值。

任：

所以打破材质价值束缚的最有利的方式就是让材料为首饰设计的整体表现服务。

艺术与市场

远离市场的艺术不过是孤芳自赏，沉溺于市场之中的艺术会被钱伤得失去原样。

——《查斯特菲尔德勋爵给儿子的信·通过自己的观察与领悟来识人》

任：

从你的出身和作品的独特风格来看，你并不是一个典型的商人。不过，从那些异形珍珠的选取和搭配中，我却看到了你的商人潜质，因为异形珍珠成本不太高，却最能体现设计的价值。

佛：

的确，我太实诚了，所以实在不适合做一名生意人，谈价钱常常会令我感到紧张和不安。当我工作时，如果有某位大客户到访，我常会对手下人说，“告诉她，我不在”。

任：

完全理解，我也更愿意专注于设计，而不是谈价钱。贵了，我觉得对不起老朋友；便宜了，也对不起自己的创作。

佛：

是啊！钱不是万能的，可没有钱是万万不能的呀！如果一个艺术家要想在有生之年有所成就，他就必须具备一定的商业头脑，何况我们所在的珠宝首饰业是这样一个资金高度密集的行业。没钱没作品，用大钱才能有大作品，一心两用，南辕北辙，我有时觉得，这简直会让我“人格分裂”。

任：

那你的商业模式是如何成功运作的呢？

佛：

我的客户并不多，为了让自己把更多的时间用于创作，我们团队中负责销售的人总是站在前台，与我的那些老顾客、老朋友保持着紧密的联系。而我自己除了参加一些交际活动，很少见顾客。简而言之，那就是让善于经商者帮我做市场。

双新月形手镯（佛杜拉作品）。1945年为梅里韦瑟·波斯特夫人设计

为佛杜拉所设计的双新月形手镯拍摄的时尚宣传片

异形珍珠作品“白菜”（任进作品）

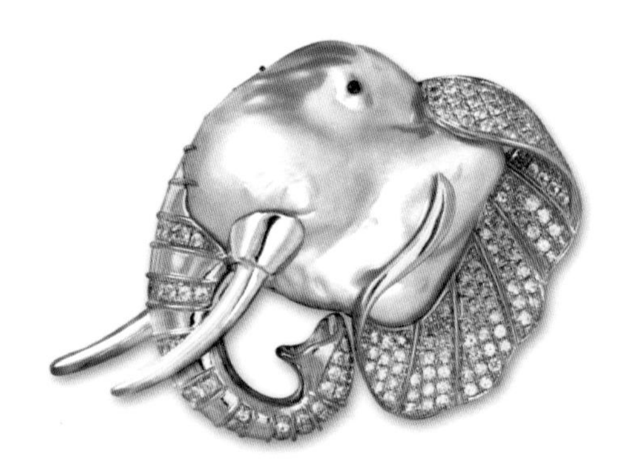

异形珍珠作品“大象”（任进作品）

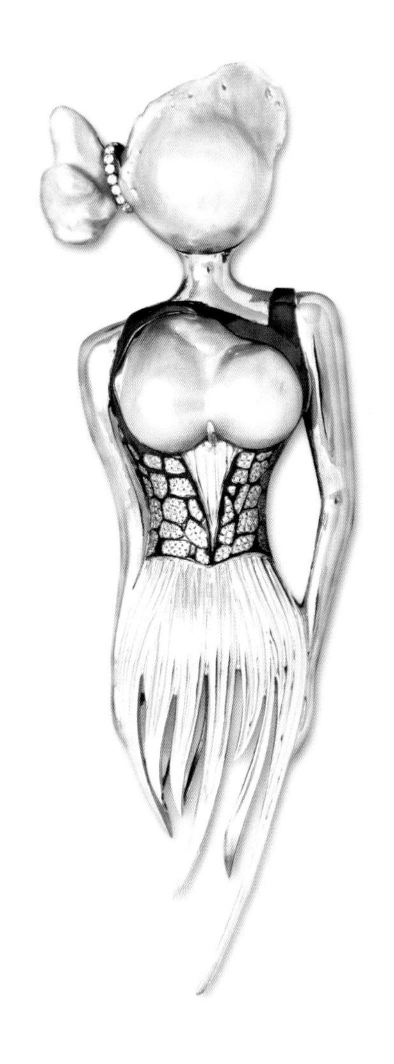

异形珍珠作品“大波妹”（任进作品）

任：

那就是所谓的经理人制度吧。其实，经理人对你的市场开拓作用不太大，你主要还是靠自己的名气和老朋友的眷顾，你的老客户主要是哪些人呢？

佛：

主要是那些特立独行的美国女性，包括美国著名编剧安妮塔·卢斯（Anita Loos）、《时尚》杂志主编戴安娜·弗里兰、还有石油大王保罗·梅隆（Paul Mellon）等。我竭尽全力，只为打造真正具有艺术美感的珠宝饰品——虽然夹杂着复古的基调，但却和旧时代的珠宝完全不同，我的设计是为现代女性量身定制的。而这些引领时尚潮流的女性对美的追求极其敏感，由此引领并形成了全新的“美国印象”。

任：

或许正是这些代表性客户的欣赏和佩戴，使你设计的饰品形成了特有的贵气和与时尚风格相融合的品牌定位。

海的记忆

我有一所房子，面朝大海，春暖花开。

——海子《面朝大海，春暖花开》

佛：

大海，在我脑海中的印象太深刻了，一切与海洋有关的形象都可以成为我的设计原型。海浪、波纹、阳光、沙滩、海星、海螺、贝壳，生活在海洋中的各种鱼类，以及与海洋有关的材料——珍珠、珊瑚，甚至海边的彩色石子和扇贝都可以成为我设计首饰的主题。

作为一个在小岛上长大的人，我从小与大海为伴，爱大海懂大海也依恋大海。在头脑平淡空虚时，我一拿起笔脑中便是海的模样，有时最初画出的草图似曾相识、缺乏新意，但不会没内容可画，因为那些海的故事天天都在我的脑海中浮现。

任：

你也有大脑空白的创作时刻吗？

佛：

当然，我进入较好的创作状态也需要一段时间，海螺的旋转线、沙滩的波浪线、优美的基础线条常常是我创作的开始。

任：

海洋主题在你的经典作品中显然具有格外突出的地位，特别是用天然扇贝壳为原材料制造的胸针更让我感到惊讶。

佛：

那确实很有意思。我花五美元买了一个扇贝吃，然后将壳的部分设计成首饰，并以二百五十美元的价格售出。我很享受这个过程所带来的成就感。我也曾把天然的双贝壳制成粉盒，并将钻石、蓝宝石和黄金等贵重材料镶嵌在贝壳上，这是对美丽的海洋生命的尊重。事实证明，这个品类的作品得到了广泛的认可。

贝壳镶嵌珠宝作品（佛杜拉作品）。左侧作品镶嵌蓝宝石和钻石，右侧作品镶嵌钻石和刻面黄水晶

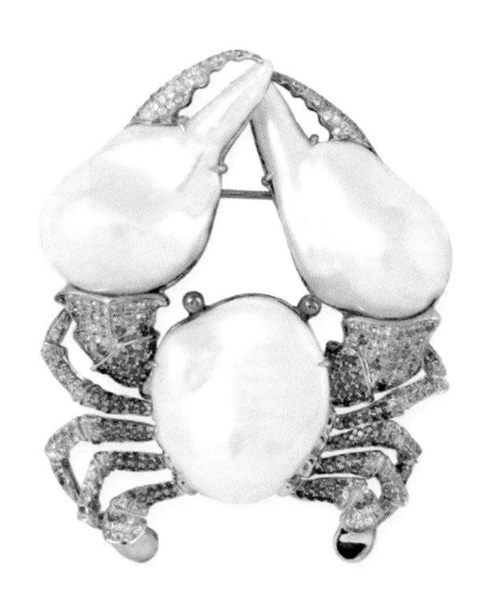

异形珍珠作品“螃蟹”（任进作品）

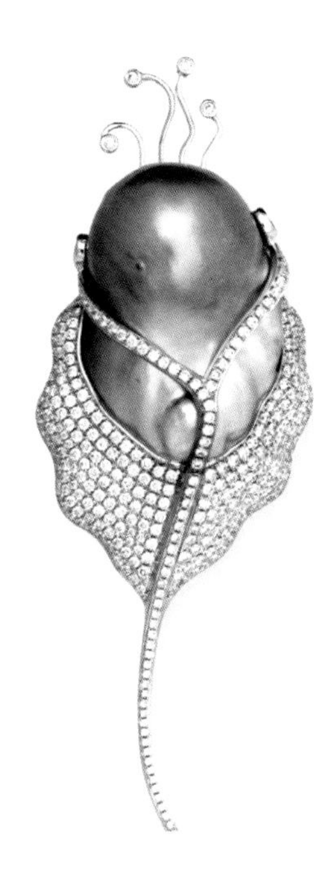

异形珍珠作品“小章鱼”（任进作品）

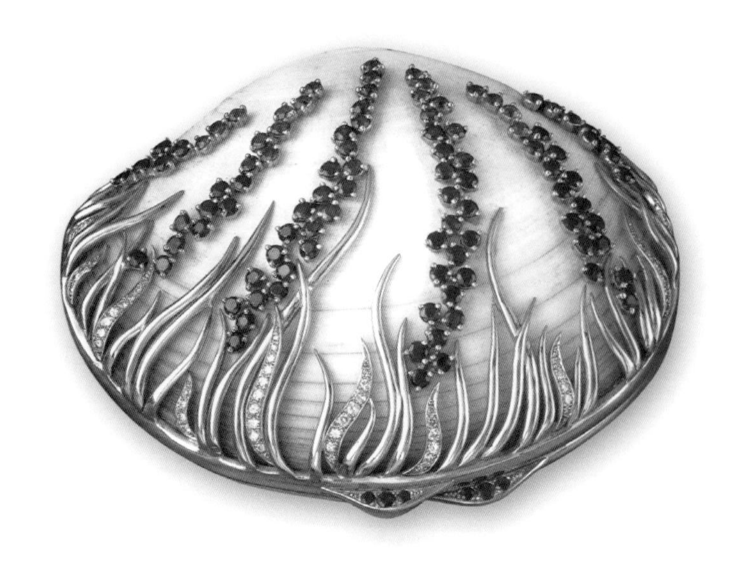

镶嵌着蓝宝石和钻石的粉盒（佛杜拉作品）

任：

我小时候用过一种很普及的廉价擦手油，这种油也被装在用双贝壳做的盒子里，仅售两毛钱。看样子，这是低估了贝壳的价值，我们从没有认真对待它。

佛：

1940年的“卵石饰品”系列也是循着这条思路设计的。那些浑圆的卵石来自海底，经过打磨抛光，被装饰在金制的网中，显得无比美妙。我还把一批海蓝宝石、粉红色碧玺和其他彩色的宝石点缀在卵石上，统一将其磨制成老式的中国纽扣样式，然后拼合设计出胸针、袖扣和耳饰，缝线皆为单缕或双缕的金丝。或者，还可以将这些卵石拼成小字母，使之不规则地排列在盒盖上，以表达“有缺陷才是真正完美的含义”。其实任何一样东西，经过奇思妙想，都能成为充满趣味的首饰。

三叶虫化石座钟（任进作品）

任：

从你这一系列的设计作品，不难得出一个结论：没有廉价的材料，只有廉价的设计，关键是设计者要有一颗用料到极致的“奢侈心”。

佛：

确实如此。当然，我也是在作品得到了朋友们的称赞后，才对自己的大胆设计更有信心的。

任：

你考虑过用古生物化石或天然矿物晶体原石直接做首饰吗？

佛：

我用宝石原石直接做过首饰，但没有用过古生物化石。你是学地质的，接触过化石，难怪想到要用化石做首饰。

任：

你设计的一个香烟盒，中间有放射状的钻石装饰物，形态上与珊瑚化石非常相像。

佛：

是吗？恐怕那只是巧合。不过你注意到了吗，那只烟盒上的钻石部分是可以拆卸下来当胸针戴的。

宠物们

我不能倔强,因为我像宠物又像礼物，我本来无一物，
他开始倾诉，他如何把我含在嘴里细心保护。

——林秋离《宠物》[1]

任：

你的人形首饰令我印象深刻。另外，在你的作品中还可以明显感受到你对动物的喜爱。

佛：

我父亲非常喜爱动物，尽管那些关爱保护动物的行为总不免遭到诟病——因为许多人认为，他们的生活应该比动物更值得关注——但对我而言，那些动物是我心中永远的火花。

① 林秋离：台湾著名作词人。《宠物》是他为李玟打造的作品，被收入李玟1998年的专辑《DI DA DI暗示》中。

那时我家的别墅就像一个动物园，牲畜棚里驯养着一只天鹅、一对驴子、一只公绵羊、一只狐獴、一只锁在笼子里的狒狒、一条变色龙，还有一只会“饶舌”的猿猴……它们给我的童年带来了无穷的欢乐。那些小时候练习绘画时的对象——诺里奇梗犬、圣诞兔子、戴项链的老鼠、玩耍中的小猫、马戏团的骆驼……都令我难忘，成了后来首饰设计的题材。

任：

动物题材在中国用的很多，一方面十二生肖在中国流行了上千年，这是与西方的十二星座类似的、常常用于测八字算命的传统。直到现在，每年新年的设计主题依然是当年的本命年动物，如虎年金条、龙年金币，等等。

佛：

你所说的动物与我所说的不同，在我的印象里，只有那些我身边能直接看到、摸到，天天和我玩在一起的动物才能给我创作灵感。它们更生动，也更亲切。

任：

你的设计作品中有动物这不足为奇，但它们作为首饰主题的同时还戴着首饰，这就太好玩了！就像一个小的玩偶，有服饰，还戴首饰，相当精致而且传神。

玩耍中的小猫胸针（佛杜拉作品）。1955年设计

佛：

此类题材中最有代表性的是“古典棋子”系列。我从一位女士那里买到一套18世纪的印度彩色象牙棋子，总共二十七件。这些精致的小雕像在风格上别具诱惑力，但我认为，假如想把这些棋子当作别针别在西服的翻领上，现成的颜色和造型都还不够独特。于是我为这些棋子搭配上镶有珠宝的穆斯林头巾、珍珠耳坠、圆形的浮雕项链和金制腰带，另外还采用了珍贵宝石、半宝石制成凸圆形纽扣和其他一些装饰物。其中最显精致的两件，一件由白象和轿子组成，另一件雕刻着并排坐在王位上的国王和皇后。其他的棋子也都搭配上拴链儿的宠物、豹子、羚羊和狐猴，倚靠在金色的灌木丛和宝石制成的仙人掌旁。这些作品除了佩戴还可以作为摆件单独用于展示。

任：

既然古典象棋只有一套，那么卖完了怎么办？

佛：

我们确实卖掉了所有的棋子，因此，在多年以后有人要求定制一模一样的款式时，公司便决定：一旦原版重现市场，就立刻将其回购。

任：

太牛了！我也想过用宝石雕刻更生动的形象，让鱼、昆虫和鸟都在它们各

贵宾犬（佛杜拉作品）。由铂金及镶嵌其上的钻石制成

异形珍珠作品“对鸟”（任进作品）

异形珍珠作品“大猩猩”（任进作品）

《拉其普特[1]勇士画像》（佛杜拉作品）

① 拉其普特（Rajput）：印度的战士民族，分布在印度的中部、北部、西部与巴基斯坦的一部分。他们也是英国人所谓的尚武种族。

拉其普特勇士胸针（佛杜拉作品）

异形珍珠作品“小羊”（任进作品）

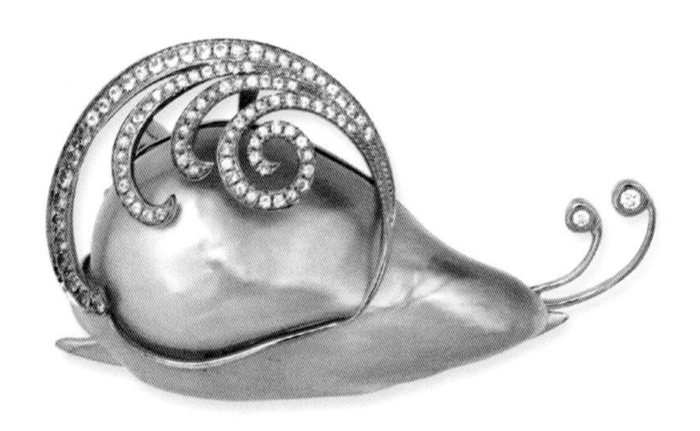

异形珍珠作品“蜗牛”（任进作品）

自生活的环境中。或许，我也该给那些生动的小生命添加点儿装饰品了。

佛：

做吧，应该不错的！生命本身就是在大自然和社会环境中的，用珠宝设计来表现自然环境和他们的衣着打扮，可以更真实地表达情感和人们的内心世界。

任：

你设计了不少动物造型的首饰吧？

佛：

自从我首次尝试在珠宝设计中加入动物元素以来，我的动物造型的饰品就一直很受欢迎。我的设计主题中也包括一些造型优雅的野兽，但不同于卡地亚在20世纪40年代为温莎公爵[①]夫人设计的那枚“美洲豹”胸针，我的豹子并没有那么野，它们甚至优雅地戴着钻石皇冠，衣领上还镶着彩色宝石。

任：

这枚胸针的外形借鉴了兰佩杜萨家族[②]盾形纹章上的豹子图案，它时常出现在你的设计作品中。

“美洲豹”胸针（佛杜拉作品）。1957年设计，由黄金、铂金、红宝石、钻石和凸圆形祖母绿镶嵌而成

① 温莎公爵：即爱德华八世（Edward Ⅷ），温莎王朝的第二位国王，在位325天，后退位为温莎公爵。

② 兰佩杜萨家族：意大利西西里贵族。以长篇小说《豹》闻名于世的作家朱塞佩·托马西迪·兰佩杜萨便是这个家族的成员，称“第十一代兰佩杜萨亲王”。

异形珍珠作品“大嘴鸟”（任进作品）

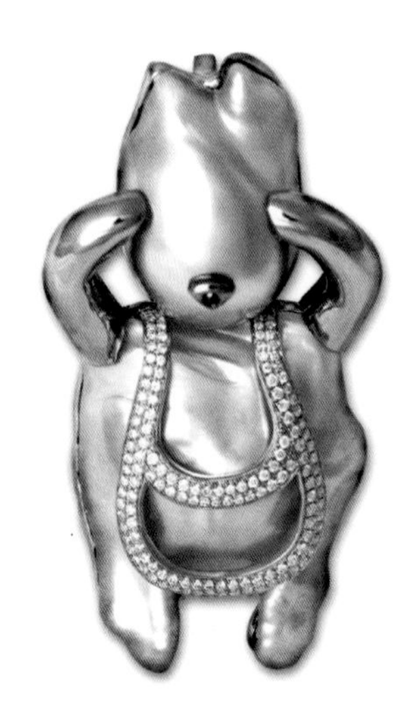

异形珍珠作品“哭泣的小熊”（任进作品）

宗教故事

宗教也许不能改变人们的物质生活，但却在精神上支撑着那些执著的信徒们快乐地寻找通往天国的路。

——任进

佛：

你知道吗，自1850年以来，西西里的贵族阶级从来没有从事固定职业的先例。一位英国评论家曾这样说过：“贵族不会成为律师、医生或商人，他们不会服从任何人，除非是为了进入更高的阶层。”特权阶级总是与自尊和自负联系在一起，骄傲让他们不愿竞争。我也不喜欢“谋生”过程中的不确定性，但外面的世界对年轻时的我来说，实在太有吸引力了。

任：

没有职业，你们的贵族生活靠什么来保障？

《皇后西奥多拉及其侍从》马赛克镶嵌画[①]（局部）

佛：

国王、教皇是我们贵族血统传承的物质和精神支柱，宗教是我们共同的思想依靠，我们都是虔诚的教徒，生活主要靠世袭的家产和国王的恩赐。

任：

那么，你也创作了不少宗教题材的作品吧？

佛：

当然，而且是贯穿始终的。圣维达尔教堂，以及其中名为《皇后西奥多拉及其侍从》的马赛克镶嵌画都曾激发过我的灵感。1930年，我就为香奈儿设计过“拜占庭”胸针。

① 《皇后西奥多拉及其侍从》：镶嵌画，创作于547年，现藏于意大利西北部城市拉韦纳的圣维尔达教堂中。

“拜占庭”黄金镶嵌彩色宝石的胸针（佛杜拉作品）。1930年为香奈儿设计

任：

以十字架为装饰的别针算是你早期的代表作吧？

佛：

我经常参观的法国荣誉军团勋章及荣誉骑士勋章博物馆①，陈列着各种闪耀的装饰性纹章，它们给我留下了深刻的印象。每一个在国家博物馆展出的、与军事指令相关的纪念品，都带给我很大启发，“马耳他十字架”的构图设计由此而来。很快，各种镀金的“马耳他十字架”闪耀在香奈儿公司产品的皮带扣、翻领、衬衫及帽箍上，成为品牌标志性的作品。

任：

象征着天主教堂的十字架题材你也用了不少，二战时期这种题材也被广泛重视呀？

佛：

是的。我曾为电影演员波拉·尼格里②设计了一枚富丽的马耳他十字型胸针，该胸针由六个铺满方形和圆形钻石的铂金缎带相互交错构成，中间的两粒钻石呈半月形。克雷·布斯·卢斯③也购买了一款马耳他十字胸针，上面镶满了圆形祖母绿和用老式切工切割的钻石，四周围绕着呈放射状的金属。几年后，卢斯将一个镶嵌着钻石和祖母绿的胸针重新仿造成了马耳他十字胸针的形状：她刚刚成为天主教徒，这枚胸针“就像勋章一样带给她自豪感”。

任：

除了天主教外，你为客户设计过其他宗教题材的首饰吗？比如佛教、伊斯兰教，等等。

佛：

这还真的没有，我信奉天主教，不了解其他宗教，也不想去了解。

---

① 法国荣誉军团勋章及荣誉骑士勋章博物馆：巴黎奥赛博物馆对面，收藏了包括法国在内的世界各地的勋章。

② 波拉·尼格里：出生于波兰，曾在波兰、德国及美国从影，被人怀疑有犹太血统，还和希特勒传出过绯闻，20世纪40年代息影。

③ 克雷·布斯·卢斯（Clare Boothe Luce）：美国编剧，已故，代表作品《女人们》（*The Women*）。

马耳他十字胸针（佛杜拉作品）。1947年为波拉·尼格里设计，由六个铺满钻石的缎带相互交错构成，中间的两粒钻石呈半月形

马耳他十字架胸针（佛杜拉作品）。1942年为克雷·布斯·卢斯设计，其中第二枚还镶嵌了祖母绿

圣母胸针（任进作品）

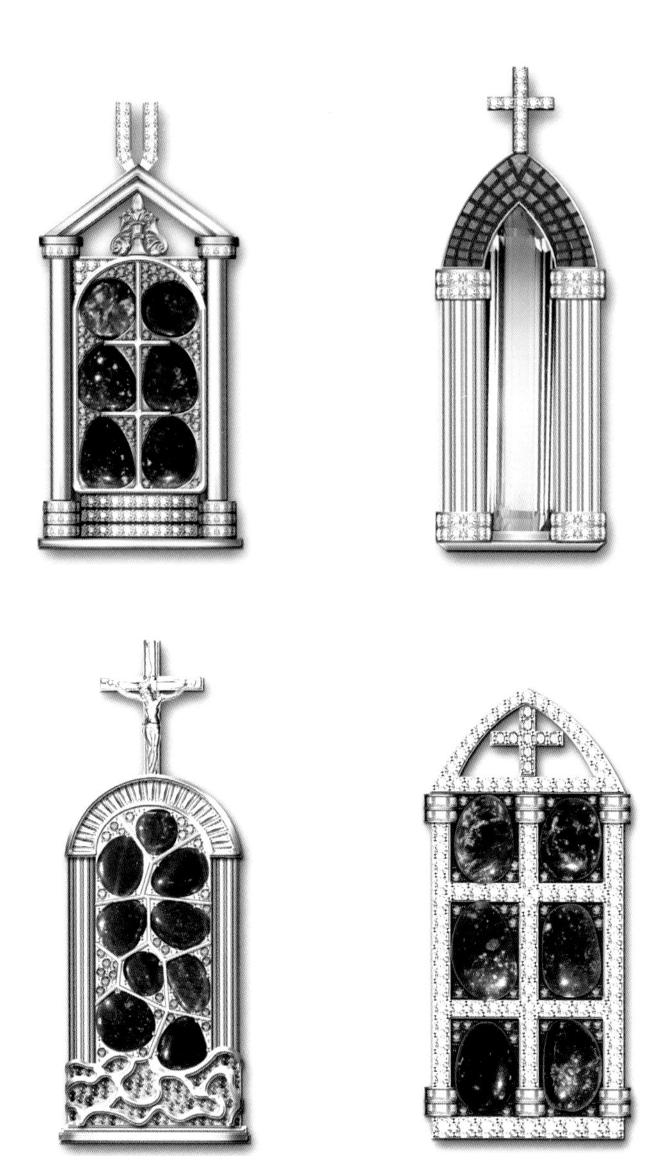

教堂彩色玻璃系列（任进作品）

阿拉伯系列（任进作品）

异形珍珠的想象

有些自然的特殊形态本身就具有人文价值。

——任进

任：

在你作品选用的众多材料中，最具想象力的，我认为是异形珍珠。

佛：

是的，巴洛克珍珠独有的不规则外形极大地激发了我的想象力——这是任何一种拥有完美切割的宝石都无法比拟的。给你介绍一系列我用巴洛克珍珠设计的天鹅造型胸针。

人们常将天鹅与古希腊神话中美丽优雅的少女联系在一起，白色天鹅被看作高贵和纯洁的象征。最早成功使用天鹅题材的是著名的俄罗斯三代沙皇的御用金匠彼得·卡尔·法贝热[1]。而我设计的天鹅胸针，多是以大颗粒异形巴洛克

① 彼得·卡尔·法贝热：俄罗斯著名金匠、珠宝首饰匠人、工艺美术设计家。其作品具有法国路易十六时代的艺术风格，被俄罗斯及其他世界各国视为珍品。

天鹅造型胸针（佛杜拉作品）。左侧作品于1955年设计，由铂金、养殖巴洛克珍珠和珐琅制成；右侧作品为1946年为贝比·佩利[①]设计，由巴洛克珍珠和钻石制成，嘴中所叼为钻石吊坠

珍珠做身体，由金属制成头部和翅膀，红宝石的眼睛与黑色珐琅质的脚蹼形成鲜明的对比，又以钻石为点缀突显主体，造型逼真细腻。此外，还有天鹅衔着一颗水滴形钻石，或抓着一粒椭圆形钻石，这意味着天鹅正梳整羽毛，或展翅欲飞。

任：

你的珍珠饰品会让人联想起文艺复兴时期，那种光怪陆离的奢华装饰风格。

佛：

伟大的意大利艺术家米开朗基罗坚持认为，只要稍作改变，那些艺术品将更加绚丽多姿。例如，将希腊神话中的怪兽和牡鹿的四肢分解——臀部变为海豚的后半身，或者以翅膀代替大腿。当然，也可以选择狮子、马或鸟儿作为参照物，并对其加以变形，这将会使作品更加新奇夺目。实际上，在我的珠宝作品中，那些异想天开的设计组合更容易为大众所接受，人们似乎只对“最耀眼的装饰品”感兴趣——仅仅为了满足“视觉上的观赏效果”。他们总是渴望见到从未见过的新鲜事物。

① 贝比·佩利（Babe Paley）：美国名媛，被称为“天鹅女郎”。

任：

对旧时代的珠宝首饰作局部变形的改造，应该也属于这一类设计吧？

佛：

是的，我做过一个胸针，其形态是一条托举着圆锥形火炬的美人鱼。当时有一个同样题材的宣传画出现在珍珠港纪念日的广告上，并配有一句爱国标语："点亮通往自由之路"。

任：

对自己原来的作品，你也愿意改造吗？

佛：

当然不愿意，但公司为刺激消费颁布的一项政策却使我不得不这么做，那就是将已出售的商品以旧换新、重新改款。但即使是最重要的客户，只要是为此而来，我就打心眼儿里不想见他们。

任：

因为每件作品都是倾心尽力之作，被看成自己的亲儿子，无论怎样都更愿意它们能永生。

佛：

优秀的同行，还是你了解我的心。

任：

但你的某些作品造型似乎有些怪异。

佛：

与超现实主义艺术大师达利等人的交流，或多或少对我的设计有所影响。我对造型怪异的设计很感兴趣。我曾设计过一个胸针，这是一个插翅膀的优雅女性，但却长着大象的腿和猪脑袋；我还设计过一只后半身与雄鹰尾部相似的骆驼形胸针；还有被刻画成鱼形的中国人首饰。

任：

这些异形珍珠的设计步骤是怎样的呢？你是否先想好再动笔画？

佛：

没有一定之规。首先，我会将一颗巴洛克珍珠放在厚重的绘画图纸上，然后沿着珍珠的外延迅速描线，紧接着再画动物的头和尾部。起初，我也许想画骆驼，但当珍珠挪开后，我所画的可能更像一条美人鱼，或者稍加几笔后它又幻化成一只天鹅……在描出大体轮廓后，我会在画面上铺满宝石，再调整和描摹，设计作品就会跃然纸上。例如我用异形珠设计的，裹着头巾的阿拉伯战士、插翅的龙或凶猛的豪猪。

任：

你有对别人已有的首饰进行过改造吗？

佛：

当然有，而且这是我最喜欢做的事之一。例如我设计的中国式帆船就是由热那亚、威尼斯、西西里和西班牙等国的船只变形而来——那些小东西会被水手们当作还愿的贡品。

任：

你设计的独角兽造型的首饰，也是改造来的吧？

独角兽系列（佛杜拉作品）。20世纪40年代设计，
由象牙制成，镶嵌钻石、绿松石和红宝石

异形珍珠作品“西游记系列”（任进作品）

佛：

确实，这些独角兽造型或改编自中世纪的怪兽纹章，或改编自珍藏在法国克鲁尼美术馆[①]的壁毯《淑女与独角兽》中的野兽图案。

任：

这些令人惊叹的设计作品似乎与你的贵族生活经验密不可分。

佛：

像这一枚戴着皇冠的鹰形胸针，鹰的躯干是一颗异形的巴洛克珍珠，翅膀向外伸展，鹰爪紧紧抓着两粒浑圆的珍珠，这是纪念奥匈帝国的雄鹰徽章。从某种意义上看，这些饰品与西西里18世纪流行的装饰艺术类似。比如巴勒莫[②]参

鹰形胸针（佛杜拉作品）。1956年设计，上面镶嵌着珍珠、蓝宝石、红宝石、钻石

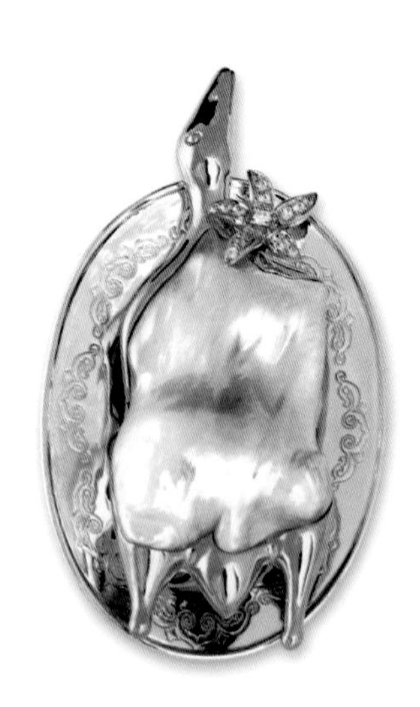

异形珍珠作品“烤鸭”（任进作品）

① 克鲁尼美术馆：标志性建筑，共两层，里面收藏的都是中世纪重要的画作及其他各种艺术品，其中最重要的就是壁毯《淑女与独角兽》，它以表现人的五种不同感观为主题。

② 巴勒莫：意大利西西里首府，位于西西里岛西北部。

议院的徽标，同样是戴皇冠的雄鹰，白色腹甲，鹰爪也抓着一对球形装饰物。此外，我设计的大象形胸针，身体由巴洛克珍珠制成，腿部镶嵌钻石，设计灵感来源于丹麦皇室的大象勋章①、慕尼黑珍宝馆里的象形珠宝饰品，以及达利后期超现实主义风景画中的“太空象”②。实际上，早在孩童时期，我就已经对瓷器上的象形装饰纹理着迷不已。

任：

在你的所有珍珠饰品中，我认为黑人造型胸针是最出彩的设计。

佛：

那些黑人造型描绘的是古代穿盔甲的“摩尔战士”——这是中世纪西班牙人和葡萄牙人对北非穆斯林的贬称。就像我设计的其他作品一样，黑人胸针与多种风格的设计元素相关联，灵感来源于公元前14世纪的历史文物。

黑人造型胸针（佛杜拉作品）。由黄金镶嵌异形珍珠、钻石、红宝石、祖母绿制成

任：

受你的影响，我也用异形珍珠设计了一些作品，广受朋友们的欢迎，有“艺妓”、“小两口”等，好玩吗？

佛：

有意思呀，你的这些珍珠用得很巧妙，你从哪里拿到这么多奇怪的珍珠呀？

---

① 大象勋章（The order of the Elephant）：象征丹麦最高荣誉的勋章。

② 太空象：达利创作的户外青铜雕塑，高7.2米，重达5吨，表达了人类统治欲望的主题。太空象一共有三座，一座被西班牙博物馆收藏，一座屹立在伦敦泰晤士河岸边，还有一座在中国境内。

任：

如今中国已成为人工养殖珍珠的世界第一大国，各种颜色、形态、光泽的珍珠都有，年产量达到一千多吨。但是由于缺乏大力的市场推广和价格控制，特别是没有优秀的设计，绝大部分珍珠被粉碎后变成了化妆品以及化工原料。可这些大的异形珍珠的养殖时间长达五年以上，磨成粉廉价卖掉实在太可惜啦！

佛：

怎么会是这样，简直是暴殄天物嘛！如果我看到，绝不会让这种事发生。如果可能，我一定会用它们创造出奇迹的。当然生死两界，就让我将灵感传给你一些，好让你替我完成这部分创作工作吧！

任：

求之不得，我一定会尽全力设计，并用自己设计的作品影响其他设计师，让所有人都去爱惜和使用这些可怜的异形珍珠。

异形珍珠作品“艺妓”（任进作品）

异形珍珠作品“小两口”（任进作品）

有意味的字母

相对于口耳相传，字母这种原始人发展出的图示和表意符号，使人们能够将历史和思想书写下来，在人类文明史上具有重要意义。

——百度文库

佛：

最有意义的线条就是文字了。东西方文字差别很大，中文是方块字，像一个又一个图案，而西方文字是由二十六个字母组合而成的，可不同的文字又能表达同样的情感和内容，翻来译去。

任：

这确实很奇妙。中国古代最早以雕刻的方式记录文字，直线、折线比较容易刻成，所以形成了方块字的雏形；而西方古代文字的书写以用染料涂抹为主，于是就形成了流畅的字母形态。

佛：

真是这样的原因吗？有点儿道理。

任：

这是我推测的，没详细考证过。在设计定制作品时，我常常使用汉字和拼音字母来表达定制首饰的专属性。西文字母虽然内含不明确，但独具装饰性，你设计时用过吗？

佛：

当然用过，在我所生活的年代，个性化饰品既要凸显自身独一无二的特征，更要表现其本身独有的特殊意义，将相互交织的字母图形拼嵌在首饰上则是最简单、有效的方法，就像一个永恒不变的真理。我对字母的装饰性和象征意义非常着迷。

任：

对小时候不好好读书的你而言，字母的吸引力是长大之后才形成的吧？

佛：

其实，我在儿时，就曾被巴勒莫特里莫扎公主客厅里的沙发所吸引，因为它的底座是由四个T形字母组成，分别代表了四个以“T”为字头的家族，而这些家族之间从祖先时代就开始有各种复杂的关联。

任：

香奈儿的商标也是由交错的C形字母组成，这是否也与某人的名字相关？

佛：

应该不是。据我所知，那源于香奈儿曾祖父家中长凳上雕着的花形图案。不过香奈儿与我非常相似，她也喜欢用字母传递信息，只是我更强调字母本身的装饰性含义。

任：

哪些信息或含义最能引起你的关注呢？

佛：

尽管从不抄袭前人的作品，我依然对历史上出现过的华丽珠宝了然于心。例如文艺复兴时期的统治者亨利八世[①]拥有的装饰品，以及被珍藏在绿穹珍宝

---

① 亨利八世（Henry Ⅷ）：英国都铎王朝的第二任国王，为英国的社会经济做出了很大贡献，为使英国成为统一集权的近代民族国家和发展资本主义创造了有利的条件。

馆[1]里的宝石吊坠等，就常常含有字母标志。

任：

皇室贵族应该拥有自己的标志吧？不然到任何一个陌生场合都要像吹牛一样地做自我介绍，那会很没面子。

佛：

不仅旧时的皇室贵族拥有自己的标志，现代皇室也同样会佩戴自己的专属徽章。比如西西里翁贝托二世[2]送给情人的“U”字形戒指；妮库欣与文森特·阿斯特结婚后请我设计的一款叶形别针，上面配有黄金字母K和C，并镶嵌着钻石；美国电影明星泰隆·鲍华[3]为妻子安娜贝拉·鲍华（Annabella Power）定制的一对星形金制耳环，将泰隆英勇的骑士精神和他在大荧幕上的个人魅力交织在一起，其中一只浮雕着字母“A”，另一只浮雕着字母“T”。

此外，在二战期间，由金属制成的“V”字形别针开始流行，它象征着胜利和爱国主义精神，这也是佛杜拉品牌的标志之一。

金质香烟盒手稿（佛杜拉作品）。为纪念科尔·波特的康康舞在纽约成功落幕设计，盒子中间两个交叉的字母C是康康舞[4]的首字母缩写

① 绿穹珍宝馆：德国德累斯顿国家艺术收藏馆旗下的展览馆，也是其旗下所有博物馆中的明星。

② 翁贝托二世：1946年一度成为意大利国王。意大利废除君主制后退位，被赶出意大利，终老葡萄牙。

③ 泰隆·鲍华（Tyron Power）：美国影星，于20世纪30年代走红，擅长扮演风流潇洒、情深义重的角色，代表作《碧血黄沙》（*Blood and Sand*）。

④ 康康舞（Can-can Dance）：起源于法国的一种粗犷舞蹈，起初在男性中流行，后来蔓延到女性中，诞生已有一百五十多个年头。

私人定制字母皮带扣（任进作品）

私人定制字母皮带扣（任进作品）

陨石原石系列作品（任进作品）。以外星人为主题

燃烧的心

每当克莱芒斯看着这张照片，她仍能感受到街上的灼热，仿佛置身在那炙烤着扬尘大地的正午阳光下。她多么希望这样的时光能够延续。

——勒·克莱齐奥《燃烧的心》[①]

任：

有一些形态，如圆形、方形、椭圆形、三角形、橄榄形、水滴形及心形，是商业首饰设计中不可缺少的经典造型，它们虽然在市场上很受欢迎，但缺乏新意。佛爷，你怎么看？

佛：

佛爷？这是个什么称呼？

① 勒·克莱齐奥：当今法国文坛的领军人物，2008年诺贝尔文学奖获得者。（法）勒·克莱齐奥著，许方、陈寒译，许钧注释，人民文学出版社，2010年9月版。

任：

这是中国老百姓对佛教中佛祖的尊称，我用它来表示我对你才华之景仰，我见到你有如凡人见神仙一般，要顶礼膜拜。

佛：

听不大明白……但你提的那个问题很好！最早找我设计心形首饰的是美国影星泰隆·鲍华。我用一批素面红宝石铺成一颗火红饱满的心，然后用镶嵌着钻石的金属绳将它捆绑起来，再打上一个漂亮的蝴蝶结。

任：

心形是大俗的形状，谈到爱就会拿心形表达。我曾经给学生们出过这样一道练习题：让他们以心形为基础设计一批首饰。第一次让他们一上午画十款，第二次让他们一天画五十款，等到第三次依旧让他们画心形首饰，并要求一周画五百款，大家都要吐了。

佛：

如果让我做这个练习，我也会吐的。作品不要求多，但要有特色、有新意，同时还要美丽。比如上面的心形胸针。

由红宝石和钻石制成的被捆绑的心形胸针（佛杜拉作品）。设计于1949年

任：

这样的胸针确实非常有创意，简单、好看、独特，是我所见首饰设计的最高境界。这个心形系列是怎么火起来的？

佛：

事实证明，我选择在纽约发展珠宝事业是十分正确的决定。因为只有在这里成名，才能得到好莱坞影星们的认可，并不断扩大知名度。1940年12月，著名影星琼·克劳馥佩戴着我设计的镶嵌红宝石的铂金胸针“一箭穿心”出现在闪光灯下，由此引发一股新的时尚热潮。

任：

心形首饰确实是人们内心深处对情感世界最直接的表达形式。

佛：

将宝石首饰镶嵌成心形，不仅表面上看上去浪漫精致，在一定程度上也丰富了人们的真情表达方式。美国女影星吉恩·蒂尔尼①曾买过一只我设计的心形胸针，后来她嫁给了美国总统夫人杰奎琳·肯尼迪②的御用服装设计师奥列格·卡西尼（Oleg Cassini）。这枚胸针镶嵌着粉红色碧玺、红宝石和钻石，在造型上是一根倾斜的“长矛”直刺“心脏”。这件首饰曾引起许多人的关注。

任：

常和名人一起的人很难不成为名人，常戴在名人身上的首饰也很难不成为名饰。

佛：

听着像绕口令一样，道理都是对的。后来，美国电影导演、著名制片人梅尔·勒罗伊（Mel LeRoy）夫人也找我预定了一款珍贵的心形饰品——由黄金缎带包裹着粉红色的托帕石。另外一件与之相似的作品名叫“燃烧的心”——“心脏”上点缀了钻石做成的“火焰”，被黄金链子捆绑着。除此之外，我还设计过火焰造型的金心吊坠，适合日常佩戴的通常是将两个或三个搭配在一块。另外，还有一些插着翅膀的心形海蓝宝石饰品。

任：

除了名人佩戴，《时尚》杂志的推广也功不可没吧。

佛：

是的，1937年一位打扮时髦的女性读者在《时尚》杂志中首次露面，她戴着一枚镶嵌了红宝石的心形胸针，这次偶然的曝光使得心形饰品开始流行。尽管我的设计受巴洛克风格的影响很大，但是我的心形饰品却始终保持着绚丽的宫廷风范。在莎士比亚的著作《亨利六世》中，国王的新娘玛格丽特就是用她脖子上那条价值连城的心形钻石项链平息了暴乱。这种宫廷风格曾在伊丽莎白一世③统治时期受到过人们的高度赞赏。最著名的心形珠宝属于苏格兰女王玛

① 吉恩·蒂尔尼（Gene Tierney）：美国女演员，代表作《狂恋》，曾凭此片获得奥斯卡最佳女主角奖提名。

② 杰奎琳·肯尼迪（Jacqueline Kennedy）：原名杰奎琳·李·鲍维尔，曾是美国第三十五任总统约翰·肯尼迪的妻子，后离开美国，嫁给希腊船王亚里士多德·奥纳西斯。

③ 伊丽莎白一世（Elizabeth Ⅰ）：本名伊丽莎白·都铎，于1558年至1603年期间任英格兰国王和爱尔兰女王，是都铎王朝的第五位，也是最后一位君主。

丽一世[①]的公婆，一个珐琅吊坠，在金制皇冠和插翼的蓝宝石之下有两个小的心形，穿插了一支“长箭”并绑着情人结。

任：

我注意到，在你的许多作品中，心都被捆绑着，这是否代表了某种特殊的含义呢？

佛：

文艺复兴时期，这些插翼的心形象征着渴望，激励着人们的灵魂，将历史的痕迹展露无遗。后来，心被人们看作是致命的吸引——尽管它时常有悖忠诚。18世纪，法国北部城市迪耶普（Dieppe）的象牙盒子上雕刻了一个展开翅膀的心形，其下配有这样一段调情的文字：美丽与诱惑。

任：

被链条束缚的心是非常少见的，你的设计有这样的原型吗？

佛：

英国插画家爱德华·伯恩-琼斯爵士[②]给人的印象就是一个贪婪的宣泄者，他的画册中有一个我设计的心形吊坠的原型。在那些拉斐尔前派[③]艺术家们的作品集中，无论是插翼的还是带有火焰的心形都意味着人们精神上的解放和对肉欲的渴望。

① 玛丽一世（Mary Stuart）：1542年至1567年在位，出生六天后即成为苏格兰女王，1558年与法国王子结婚，1560年——王子去世后的第二年回到苏格兰亲政。英格兰女王玛丽一世，即伊丽莎白一世的前任，是她的表姑。

② 爱德华·伯恩-琼斯（Edward Burne-Jones）：拉斐尔前派著名画家。

③ 拉斐尔前派：又译作前拉斐尔派，是1848年在英国兴起的美术改革运动，主张回到15世纪意大利文艺复兴初期的、画出大量细节并运用强烈色彩的画风。

私人定制的心形手表（任进作品）

绳结艺术

民结绳而用之。

——《庄子·胠箧》

任：

意大利曾在19世纪创造了辉煌的雕金工艺，如镂空、珠链、绳结，甚至布艺纤维，你就没有用上这些吗？

佛：

用啦，黄金绳结工艺从开始一出现，就成了我的首饰中独特的设计元素。为此，我研究了德国画家阿尔布雷特·丢勒①和汉斯·荷尔拜因②的装饰艺术，

① 阿尔布雷特·丢勒：德国美术史上具有划时代意义的画家，他将文艺复兴时期的形成和理论传播到欧洲北部，奠定了德意志民族画派的传统和基础。

② 汉斯·荷尔拜因：文艺复兴时期的德国画家，擅长肖像画。

意大利雕刻家安德烈亚·韦罗基奥[1]为佛罗伦萨圣·洛伦佐大教堂[2]设计的青铜栅栏，以及达·芬奇在意大利斯福尔札城堡[3]墙壁上绘制的装饰性错视画中复杂的绳结图案等。

任：

绳结源于它所具有的功能，而首饰的装饰性特征则更显著。你是怎样在功能与装饰之间为金绳结定位的呢？

佛：

对于我而言，绳结设计的功能性多半大于装饰性。在我很小的时期，就已经对结绳的技法非常感兴趣，那时我总爱在巴勒莫港口闲逛，经常看到渔夫们在岸边修补渔网，系水手结。我的书架上常常摆放着各种绳结和编织的技法及图案，其中也包括你们中国结的图案。

绳结手链设计草图（佛杜拉作品）。绘制于1940年

任：

中国结是一种吉祥的标志，是过春节、婚庆场所必不可少的装饰品。它完全没有实用性，甚至连装饰性也是附带的，主要是为了给人们带来好运，是中国吉祥喜福文化的象征，所以颜色也一定要选正红色。你们西方的绳结有这样的文化内涵吗？

佛：

在希腊就有一种和中国结相近的友谊结，象征友好。西西里岛作为一个船舶停靠的港湾，水手结是最流行的绳结，但水手结的实用性太强了。

任：

这么多的参考资料，你的绳结系列首饰内容应该非常丰富呀。

---

① 安德烈亚·韦罗基奥：15世纪下半叶意大利雕刻家，达·芬奇是他的学生。

② 圣·洛伦佐大教堂：美第奇家族历代的礼拜堂。

③ 斯福尔札城堡：14世纪由斯福尔札伯爵建造，供斯福尔札家族居住，是米兰最重要的建筑。

佛：

绳结的确极大地丰富了我的设计作品。例如以红、蓝宝石为主要装饰物的马耳他十字手镯上捆绑着的纹章式金结，金黄色的触角形胸针被镶嵌了钻石的铂金编织网包裹着，橙红色的贝壳外也罩有一层金属网，就像白色或深红色的山羊皮匣子里穿插着的精致金属网格。

任：

这样的简单结构，做多了会不会让人有重复感呢？

佛：

不会。在此基础上，我甚至还设计了一些完全借鉴了绳索造型的饰品。绳结式的马嚼子[①]手链常常与大簇的钻石装饰在一起，偶尔也会和手表、可活动的坠子相搭配，这些手链可以拼凑成一条完整的项链，适合成套佩戴。宽边的网格金领上点缀了托帕石，通常是和假发、穆斯林头巾搭在一块儿。粉盒的外轮廓设计则类似带有顶盖的编织篮，或者是镶满了碧玺和绿松石的柳条托盘。金质的绳结袖扣，模仿的是1904年巴黎衬衣品牌Charvet[②]女士长袖衬衣上的袖扣款式——由金银线镶边。三个一排的绳结胸针遵循了古罗马诗人维吉尔[③]在《牧歌》中提到的："为了取悦上帝，同心结的个数必须为奇数。"

任：

哪种绳结首饰最畅销呢？

佛：

一种由一个三层的单花大绳结组成的胜利胸针最为畅销。这完全得益于白宫非正式邀请的影响。自从库欣[④]女孩贝齐嫁给富兰克林·罗斯福的儿子詹姆斯后，佛杜拉这三个字就常常出现在总统的被邀宾客名单上。即便是在她1940年离婚之后，凭借着自己实力，我依然是白宫的座上常客，常常被邀请参加富兰克林·罗斯福举办的娱乐派对。

任：

我怎么觉得有些自吹自擂的意思呢。

佛：

当然，宣传方面主要还是要依靠朋友们的帮助。白宫的另外一位客人梅

① 马嚼子：连着缰绳套在马嘴巴上的金属部分，用它可以控制马匹的活动。

② Charvet：世界上最著名的衬衫品牌之一。

③ 维吉尔：古罗马最伟大的诗人，代表作《牧歌集》、《农事诗》，史诗《埃涅阿斯纪》。

④ 库欣：又称皮质醇增多症或柯兴综合症，主要表现为满月脸、多血质外貌、向心性肥胖、高血压、糖尿病和骨质疏松症等。

西（Louise Macy）——她曾是巴黎版《时尚芭莎》的主编，后工作于红十字会——与罗斯福总统最亲密的盟友，曾任美国商务部长的哈里·霍普金斯[①]交往密切。1942年春天，当“胜利结”饰品首次面向市场的时候，售价仅为45美元。梅西，这位“最美丽的护工”于白宫东厢举行婚礼时，正佩戴着成套的“胜利结”饰品。此后，公众对此的需求量激增。

作为结婚礼物，我效仿了水手结的造型，“胜利结”是用珍贵的宝石和三层单花大绳结设计而成，甚至连结婚礼服上的纽扣都是雅致的金绳结模样。在这些嫁妆里，梅西夫人的订婚戒指由一个环绕着圆形钻石的金质套绳组成；“胜利结”的耳饰借鉴了蝴蝶的外形，躯干上镶嵌着钻石，由金绳索编织成的翅膀可以上下摆动；此外，还有两个类似的手镯；他们的婚戒则是由单独的金属绳扭曲制成。几乎所有的杂志都争相报道梅西夫人穿着结婚礼服搭配“胜利结”饰品的造型。其中，婚礼当天，也就是6月28日出版的《纽约世界电讯报》详细描述了这套珠宝。

编织艺术手链（任进作品）

① 哈里·霍普金斯（Harry Hopkins）：第二次世界大战时期美国总统的特别助理，有“影子总统”之称。

日夜星辰

譬如天上的星辰，看起来令人眼花缭乱。

——秦牧《艺海拾贝》

佛：

为一些好朋友所设计的礼品后来也成了我具有代表性的系列产品。比如在送给科尔·波特的众多礼物中，最吸引人眼球的是一套不对称的球形袖扣——“日与夜”，该名称取自1934年弗雷德·阿斯泰尔[①]在《柳暗花明》里的歌词：“无论白天与黑夜，我们日夜相伴。”这对袖扣，一个是用黄金和蔚蓝色珐琅釉彩制成的地球仪造型，另一个则是通过在深蓝色的球面上镶嵌闪烁的钻石来表现布满星辰的夜空。1941年，我将它们送给了科尔，一年以后，与之相似的礼服纽扣在我们的珠宝沙龙里开始出售。

① 弗雷德·阿斯泰尔（Fred Astaire）：本名菲德利克·奥斯特利兹，美国著名演员、舞蹈家、舞台剧演员、编舞、歌手，活跃了七十六年，获得奥斯卡终身成就奖。

任：

这些表现时光变幻作品的灵感从何而来呢？

佛：

璀璨的群星是我童年回忆的一部分，从巴勒莫圣母像上的星形皇冠，到由我的曾叔祖父名字命名的小行星等。朱利诺·法布里奇奥·迪·兰佩杜萨王子是我的曾叔祖父，他是一位享有声誉的天文学家。他发现的两颗星星一颗叫做帕尔马，另一颗叫做兰佩杜萨，这代表着整个家族的财富和荣耀。

我设计的星形夹式耳环和纽扣，曾将金制的星星图案嵌在两个缟玛瑙的阴影处；另外一枚星形的纽扣夹，中间镶嵌了一粒粉晶，四周环绕着小粒的石榴石和金珠。《时尚芭莎》评论道："你可以将它们别在衣领上，也可以将它们用作无沿帽或者腰带上的装饰物。对于朴素的圆领服装，你甚至可以像普通的纽扣那样将它们挨个儿别起来。这种设计着实令人着迷——除了粉色，还有蓝色的水晶可供挑选。"

任：

神秘的日月星辰是人类向往的天堂，作为人类美好理想象征的首饰当然要利用它们。可是我们知道，星云的形态多样，月亮的表面凹凸，太阳的光焰无形，今天我们在美术作品中见到的都是人们想象出来的，这些符号化的形态早已被人们熟悉了，看惯了。

佛：

五角星，弯弯月亮，太阳放射光芒，美而简洁，作为首饰题材，它们几乎可以被直接使用。

任：

我在给中国白金大户——名牌首饰设计概念款作品时，也应用了日月星辰的题材，以符合"明"字的概念。

佛：

在西方当然没有"明"字的象形意味，但也有些人沉迷于星宿。

任：

沉迷于星宿的人对于数字应该是非常敏感的，中国人对数字也很迷信，你呢？

佛：

虽然我并不迷信数字，但对于有故事的数字还是很感兴趣的，例如我所设计的最华丽的“七姐妹星团”胸针。该胸针将七个以蓝宝石为核心、周围镶嵌着钻石的星星组合在一块儿。

在希腊神话中，七姐妹星团是七位仙女的化身，也就是擎天神阿特拉斯和普勒俄涅的女儿。猎户奥瑞恩在一次偶然的机会之下窥见七姐妹的美貌，随即对她们展开追求，于是天神宙斯把众姐妹化作飞鸽，置于星空中。最后，七姐妹变成了星星。

七姐妹星团常常被人们称为“航海之星”，因为对于水手而言，它们的出现将意味着有一个晴朗的天气。这枚胸针的设计与“上帝之手”有着密切的联系——在一只张开的手上散布着七颗星星，这个造型来源于一本占卜图册，引自圣经的《启示录》。

任：

每个人好像都有自己独立的星群，如何才能满足人们个性化的要求呀？

佛：

我还设计了多个双重的七姐妹星团造型，有三颗和四颗为一组的，也有两颗和五颗为一组的，每一个佩戴者都可以拼合出属于自己的星群。在人们看来，这种不对称的设计具有浪漫主义晚期繁缛奢华的装饰风格。例如，在19世

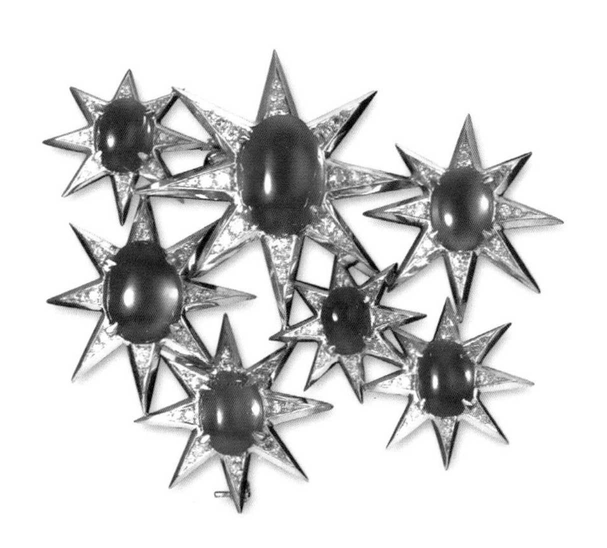

七姐妹星团形的胸针（佛杜拉作品）。1945年设计，
由七粒五十四克拉的弧面蓝宝石和钻石构成

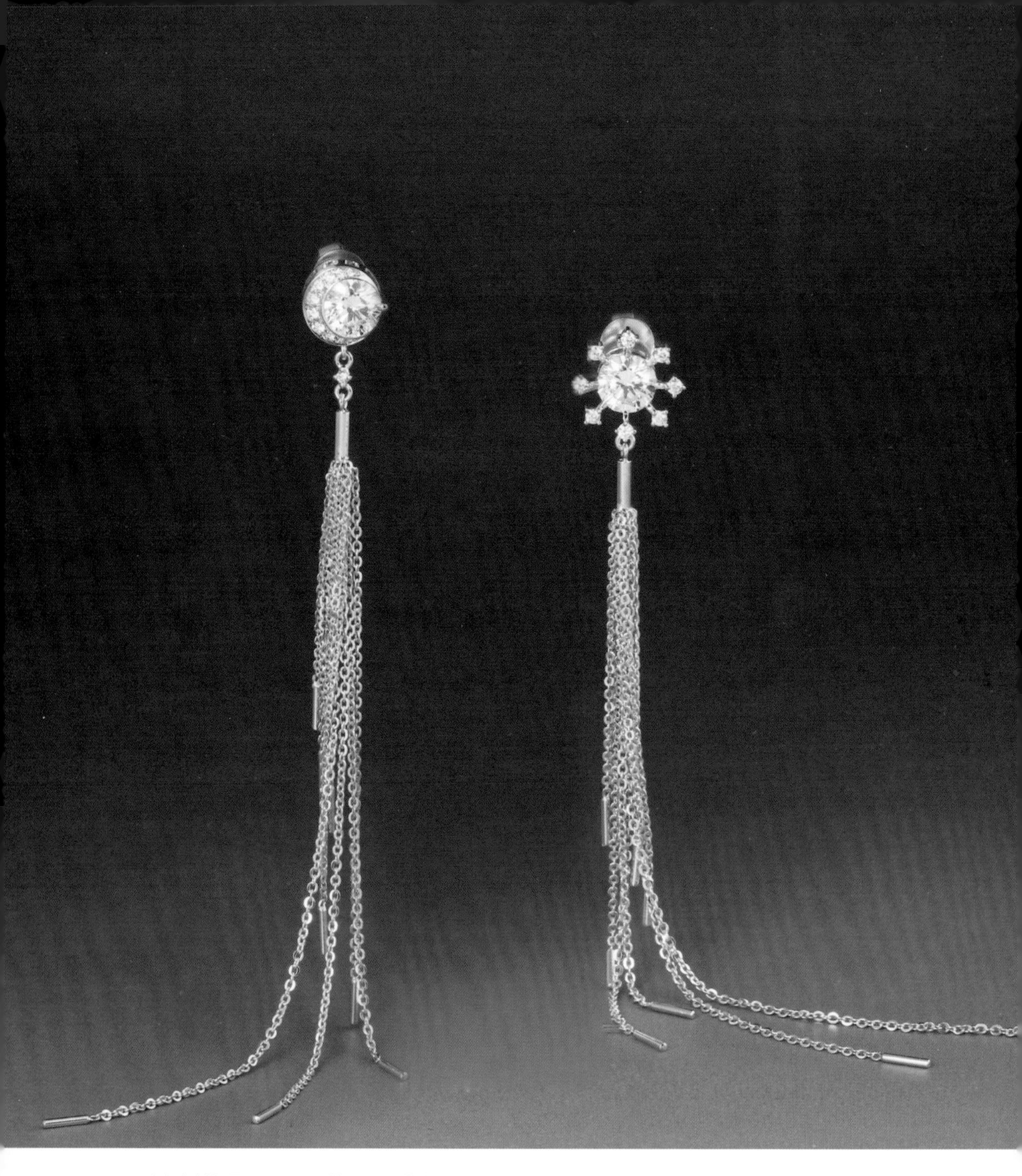

私人定制作品“日月星耳饰”（任进作品）

日月星辰项链（任进作品）

纪中期德国学院艺术派的古典主义绘画大师弗朗茨·塞维尔·温特霍尔特[①]绘制的肖像画中，奥地利女皇伊丽莎白佩戴着星形发卡，还有朱利恩银河系列的全套首饰等。尽管七姐妹星团形的胸针在1940年就已经初显雏形，但是直到二战结束后，美国人才开始接受这种非传统的奢华饰品。

① 弗朗茨·塞维尔·温特霍尔特：19世纪中期德国学院艺术派的古典主义绘画大师。

鸡尾酒戒指

鸡尾酒的本性，已经决定了它必将是一种最受不得约束与桎梏的创造性事物，是人类追求美的想象力杰作。

——百度百科

任：

你的作品中似乎刻意突出了胸针，而缺少最主要的首饰品种——戒指。这是不是因为，与胸针相比，戒指的造型受限太多，不容易表达你丰富的想象力呢？

佛：

有点儿关系。戒指由于受到佩戴方式及手指大小的限定，所以设计起来是有些碍手碍脚。特别是贵妇们喜爱的大主石戒指更显得无处可饰。不过为了顾客的需求，我还是画了不少戒指，例如鸡尾酒戒指系列。

任：

为什么称它们为“鸡尾酒戒指”呢？

佛：

你知道鸡尾酒吗？与中国人喜欢喝的烈性白酒不同，鸡尾酒是几种色酒混合后自然分层的杂酒。一般来说，这类酒酒精度不太高，以美丽的色彩组合评价优劣。

任：

也就是说鸡尾酒好看不好喝喽。

佛：

也不能这么说。起码作为酒，鸡尾酒也一定能让你过瘾，能让你晕，甚至让你醉。

鸡尾酒戒指是一类以时尚色彩组合为基础的个性华丽的大戒指，无论戴在哪个指头，都可以说“大”有乐趣。以硕大、闪亮、多彩取胜的鸡尾酒戒在我们那个时代的各个珠宝品牌中都能找到，但设计风格各有不同。由来已久的鸡尾酒戒指又开始时髦起来了吗？

任：

是呀！但是各个珠宝品牌在鸡尾酒戒指上的差异，应该与品牌特色及设计师的风格息息相关吧？

佛：

是的。如蒂芙尼的鸡尾酒戒不但有镶嵌各式单颗有色宝石的雅致的戒指，也有如巴伯罗·毕加索之女帕洛玛·毕加索（Paloma Picasso）领衔设计的Sugar Stack及碟状造型的戒指——其色彩和造型都流露出极强的艺术想象。以彩色宝石见长的波米雷特[①]鸡尾酒戒更是绚烂如烟火，缤纷如糖果，明显表现出意大利血统的大胆热情。

任：

现在迪奥（Dior）在维克多·卡斯特兰领导下的珠宝首饰设计，也在鸡尾酒戒上下了很大功夫，创造了一大批以花朵、昆虫为题材的田园风格大彩石戒指，很受欢迎。戴·比尔斯[②]则更干脆，直接推出名字就叫“Cocktail Fizz”的戒指，白K金与连串的圆钻、方钻设计，晶莹闪亮仿佛酒杯里滋滋冒起的泡泡。

---

① 波米雷特：始创于1967年的意大利珠宝品牌，总部在米兰。

② 戴·比尔斯（De Beers）：创立于1888年的世界钻石业的大企业，主宰了全球四成的钻石开采及贸易。

佛：

除了用珠宝来搭配造型的简单大戒指，鸡尾酒戒指，特别是鲜艳的“糖果”戒指我也多有设计。相比其他品类，这类作品确实少了一些创新，主要是为商业需求而做的。不过鸡尾酒戒这个名字所暗含的奢靡、沉溺、考究的贵族气息，却让我享受其中。

鸡尾酒戒指（佛杜拉作品）。1955—1965年设计，其中第一枚由星光蓝宝石和小颗粒钻石制成

大晶石戒指（任进作品）

有思想的首饰

思想是客观存在在人的意识中，经过思考而产生的结果，是人类一切行为的基础，人因思想而伟大。

——任进

任：

在你的众多作品中，有一件以“悲与喜”为主题的双重面具形胸针，别具特色，这个作品在暗示些什么？

佛：

这枚胸针由弧面形的祖母绿和蓝宝石制成，并带有珍珠流苏。这是1941年，受约克·惠特尼委托，为庆祝克雷·布斯·卢斯的舞台剧《女人们》获得美国话剧和音乐的最高奖项——托尼奖而设计的。两张侧面分别表现喜与悲的面孔，恰好暗示了剧中女人的口是心非，隐喻了该剧的主题思想。

“悲与喜”双重面具形胸针（佛杜拉作品）。设计于1941年

任：

那么，古钱币造型的首饰又有什么含义呢？为什么会在你的作品中反复出现？

佛：

我特别偏爱硬币的造型，我觉得这是幸运的象征。从罗马帝国时期开始，中世纪的欧洲、印度、中国、日本以及其他一些信奉伊斯兰教的国家就把硬币当作首饰佩戴于身。一位顾客曾对古代的钱币进行分类，从匈牙利、马其顿、佛罗伦萨直到威尼斯，然后将它们嵌入金光闪闪的方形框架中，看上去就像群星环绕一样。另外，还有雕刻着金币图案的马嚼子手链。1943年，为了庆祝《两傻墨西哥巡游》的首次公演，我设计了一个烟盒，盒身散布着18世纪西班牙古银币上的图案造型——埃斯库多[1]金币被巧妙的镶嵌在盒盖上，翻开便可瞥见钱币的正面。1942年12月，为了庆祝科尔·波特的电影《小伙子们的事情》（*Something for the Boys*）首映，我为他设计了一款香烟盒，盒盖上雕刻着带有德克萨斯州纪念币的印章。

任：

针对私人定制设计，最好的方法就是将他的姓名、爱好、公司或者家族标志融入到首饰中，或者将某个事件或纪念日的资料加入到相应的纪念饰品中。

佛：

这也是最简单的方法。也有较多时候是专门为著名服装大师的服装作品设计可搭配的首饰。由于服装所占面积大，色彩强烈，配饰要与之相协调，更要

古钱币胸针系列（佛杜拉作品）。左侧作品镶嵌钻石、红宝石，右侧作品中间为希腊硬币，太阳光线则由珐琅制成

① 埃斯库多（Escudo）：葡萄牙加入欧元区之前，葡萄牙的官方货币。

异形珍珠作品“北极熊向太阳祈祷”（任进作品）。作品象征全球变暖，北极消融，意在呼吁环境保护

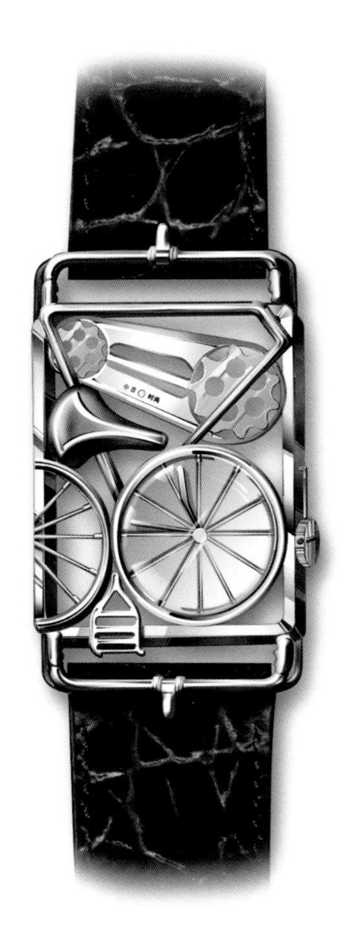

“为了忘却的纪念”手表（任进作品）。为时尚集团创始人刘江设计。刘江曾骑自行车送杂志创业，如今虽为时尚集团掌门人，仍对自行车有难以割舍的情结

起到画龙点睛的作用。这种被动的设计工作有一个好处，就是可以从服装设计大师那里学到一些时尚元素。

任：

除了香奈儿以外，还有没有服装设计大师对你有较大的影响？

佛：

那就要数梅因·布彻（Main Bocher）了。

梅因·卢梭·布彻出生于芝加哥，曾在法国版《时尚》杂志担任过编辑兼插画设计师，后来成为第一位在巴黎开设高级时装屋的美国服装设计师。1929年，在法国社交财团的支持下，由他设计的无肩带式连衣裙受到了大众的好评。简约、经典的设计风格使梅因·布彻获得了众多女演员的青睐，例如艾琳·邓恩①、康斯坦斯·贝内特②、洛丽泰·扬③等，就连温莎公爵夫人也曾邀请他设计过一套蓝色的晚礼服。梅因·布彻坚信，“即使是最简便的裙装，也绝不能使穿着者看上去缺乏自信”。

任：

你有没有和梅因合作过？

佛：

虽然没有特意搭配，但他的服装为我提供了施展的空间。用粗制金线串成的复层珍珠、紫水晶和祖母绿的项链；由黄色蓝宝石或弧面祖母绿围绕着大块粉红色碧玺制成的胸针；带有女性柔美感的戒指上镶嵌了醒目的绿色橄榄石——被包裹在粉红色蓝宝石中；合成金属上装饰着祖母绿和粉红色的碧玺，还有海蓝宝石和蓝宝石，它们的颜色看上去就像变幻莫测的无边大海。无论是在时尚场合，还是在日常生活中，他的服装总是配着我的珠宝，并且因此而大放异彩。

任：

因此，在那个时代，有学者总结说：“购买梅因·布彻的衣服和拥有佛杜拉珠宝的女人最聪明。”

佛：

这话倒是挺有意思的。拿服装和珠宝来评价女人的智商，我还是第一次听说。

---

① 艾琳·邓恩（Irene Dunne）：美国著名女演员，曾五次获得奥斯卡最佳女主角提名，代表作《壮志千秋》。

② 康斯坦斯·贝内特（Constance Bennett）：好莱坞默片时代颇为活跃的女演员。

③ 洛丽泰·扬（Loretta Young）：美国著名女演员、电视人，获得过奥斯卡奖和艾美奖。

中国新娘的戒指（任进作品）。为服装设计师郭培设计

中国新娘的首饰（任进作品）。与服装设计师郭培合作设计

皮带作品（任进作品）。为服装设计师劳伦斯·许设计

下篇｜我的老师

微型画展

画展的大厅，人像溪水一样流着。

——柯岩《奇异的书简·追赶太阳的人》

任：

你很有幽默感，加上你善于绘画、懂得音乐，并且热爱读书、博学多识，这使你在聚会时总是处于主角地位，招人喜爱。

佛：

对朋友我总是知无不言，言无不尽的。我愿意把我的艺术观、生活观告诉他们，别人从我这里无偿得到有用的想法，所以他们才会喜欢我。

任：

是的，伦敦的室内设计师尼基·阿斯兰至今仍然珍视你给予他的宝贵意见。你对他说，“要时刻记得，椅子是有灵魂的”，这句话的意思应该是说，不应该单纯地“摆放”家具，而要让它们时刻处于“具有生命力的迁徙之中”。这句话你自己都忘记了吧？

佛：

真的，一点儿都不记得啦！这么有道理的话我都说过呀！

任：

说说你的女粉丝吧，她们想从你这里获得的除了拿不到的感情，也就是你精美的作品吧？

佛：

我的珠宝首饰作品确实价格不菲，但也有些崇拜者更愿意拿到我独创的微型画。这些画成本低，又是我亲笔所绘，所以很受朋友们的喜爱。

阿弗黛拉·弗兰凯蒂（Afdera Franchetti）与美国著名影星亨利·方达是经过多年秘密的私情转而结婚的忘年情人，他们两人之间就有过互赠画作联络感情的经历。作为好友，我从中获得启发，也对绘画倾注了很多的热情。1953年12月我在雨果画廊举办了首次个人画展，这件事在时尚圈中迅速传播开来。由于长期的珠宝首饰设计经历，我养成了按比例绘画的习惯。我的绘画作品就像珠宝首饰一样，精致细腻，小巧玲珑，因此只能被称为微型画。画中的大部分主题是贝壳、昆虫、花朵或者面具，这是借鉴了珠宝首饰设计题材的结果。

任：

画展似乎脱离了你所从事的珠宝首饰设计专业呀！

佛：

你知道吗，珠宝首饰作品需要借助许多工匠的手，用高昂成本的材料去完成，但它只是我设计的实现，并不是设计本身。如果我画出来就被大家欣赏，并直接卖掉，那才是真正的出卖设计艺术。对我而言，这岂不是更好吗？

任：

这让我也有了画画的愿望，将来也可能试试。其实我和你一样，不太习惯大空间造型，也就只能画些微型画了。

佛：

画画并不像你想的那么简单，这主要涉及三方面的问题。首先，微型画已进入了美术，而不再属于工艺美术的范畴，如此一来，评价的标准会发生很大的变化。第二，珠宝作品的制作过程不仅仅包括设计，还包括工艺加工二度创作的过程，而且多数顾客会因为精美的制造效果而购买珠宝设计作品，但微型画可是直接完成的作品，只要画得不够好就会被大家批评。第三，要完成一幅有意味、细腻、美观的微型画相当费时，有时我完成一幅画比我设计首饰的时间要多数倍。

任：

好吧，看来我也只能画首饰那么大的超微型画了，我试着画过几张表盘，感觉还不错。

佛：

几年后，我又在艾欧拉斯画廊举办了另外一场画展，展示了我最喜欢的作品《狂想曲》，这幅作品当时受到了桑德罗·波提切利[①]的寓言绘画和景观建

微型画《男修道士》（佛杜拉作品）

① 桑德罗·波提切利：15世纪末佛罗伦萨的著名画家。

微型画作品（任进作品）

彩绘表盘作品（任进作品）

筑学[1]的启发。傲慢的画师兼批评家麦克·阿依顿将我的作品称为“画桌上创作出的微型雕塑。当然，桌上还摆放着象牙材质的雕花剪裁刀和刻有凸面纹的鼻烟盒”。1956年，我的欧洲个人画展在罗马画廊举行了开幕仪式，由科罗娜·迪·夏拉公主承办。与此前相比，这次的参展作品更显豪华：在圆形的浮雕上描绘了一场即将发生的灾难——两辆冒着蒸汽的火车头在一座三层高架桥上面对面地急速驶向对方。桥高高地横跨在河面上，河边是绿油油的草地。著名记者路吉·巴兹尼（Luigi Barzini）在此次画展的介绍中将我的作品比喻为诗歌，简洁而优雅。

任：

既然画微型画要容易得多，你不妨多画一些送给朋友们呀。

佛：

与为了满足大众消费所绘制的微型画相比，我在私底下替朋友们画的讽刺漫画更受欢迎，我的画笔可以和语言同样尖锐无比，你一眼就可以辨认出我笔下那个束发并且戴着丝巾的钢琴家是谁。她跻身于“女士最佳着装排行榜第十一位”，拥有昂贵的珠宝饰品，挽着金色的发髻，身穿棕色皮草大衣，无时无刻都牵着一只宠物狗。没错，她经常陷入绯闻当中，总是习惯性地夹着一个公文包，这是她身上“唯一能和艺术沾点边儿的东西”了。

---

① 景观建筑学：介于传统建筑学和城市规划之间的一门新兴学科，它涉及人的居住环境的方方面面，更侧重生态环境、社会、心理等。

化妆舞会

我戴着面纱和镶着假钻的头缀，参加这场期待已久的化妆舞会。我知道这将是我唯一的机会，与你熟悉却又陌生地相对。……你终于温柔地走向我，赶走了灰姑娘的自卑。

——欧美民歌

任：

作为贵族，你们会有一些特殊的游戏吧？

佛：

当然。化妆舞会就是我们最喜欢玩的游戏。在威尼斯的海神舞会上，我打扮成人身鱼尾的海神笛手出场；参加《阿依达》[①]中的游行，在第一场祭祀中，我曾扮作敞胸的农牧神；在巴黎的焦点舞会上，我扮成过一名土耳其战士，搭救一位落难的少女……后来，这些画面和形象就都成了我的设计题材。例如，一个黑

① 《阿依达》：意大利作曲家朱赛佩·威尔第创作的歌剧，讲述了埃及战将拉达梅斯与埃及公主阿姆涅丽斯、埃塞俄比亚公主阿依达之间的三角爱情故事。

人外形的胸针，中间的椭圆形宝石重达一百五十克拉，以钻石和珐琅镶嵌。

任：

哪个化妆舞会最让你难忘呢？

佛：

一直以来，人们就对宫殿心驰神往，意大利黄金宫①是威尼斯大运河②上最美丽的建筑物之一，那里是卡洛斯·德·贝斯特古③的家。他是一个神秘的富人，传言说他的资产来源于南美洲的锡矿产业。他还是一个挑剔的收藏家，极其势利，他从来不向公爵夫人级别以下的女人献殷勤。

1951年9月3日，拉比亚宫④举行了一场盛大的舞会，这被大家公认为是社交史上的里程碑。上了年纪的伊斯兰教伊斯玛仪派⑤的宗教领袖阿迦汗⑥不断向人们重复着，“你知道的，从维多利亚时代开始，我就断断续续地参加过许多舞会，但是这绝对是最有意思的一场”。的确如此，它生动地再现了18世纪意大利著名画家提埃波罗⑦壁画中的场景——罗马统治者安东尼和埃及艳后克里奥佩特拉的传奇故事，这幅画被装饰在拉比亚宫殿的墙壁上。

任：

你是舞会的亲历者呀!说说这个舞会吧！

佛：

舞会确实令人难忘。在角色扮演上，贝斯特古选择了亚历山大·卡里奥斯特罗公爵——亚历山大是一名炼金术士，曾炫耀称可以将普通的金属炼制成纯金；戴安娜·库珀扮演的是埃及艳后克里奥佩特拉，服装由艾尔莎·夏帕瑞丽⑧提供；玛丽·德·罗斯柴尔德打扮成提埃波罗画中的一位农村姑娘；而时尚名媛黛西·法罗则用身体阐释了“美国式的洛可可⑨”；玛丽·劳尔·德·诺阿耶装扮成“圣马可大教堂中怪异的狮子形象”；达利和妻子加拉把自己化妆成“威尼斯的鬼魂”；阿图罗·洛佩兹·威尔萧是智利的大资本家，他穿着18世

---

① 意大利黄金宫：威尼斯最杰出的哥特式建筑，建于1440年，收藏了从14世纪到18世纪欧洲最主要的绘画作品。

② 威尼斯大运河：威尼斯市主要水道，呈反S形，将该市分为两部分。

③ 卡洛斯·德·贝斯特古：墨西哥人，曾多次向卢浮宫捐赠私人珍藏的艺术品。

④ 拉比亚宫：建于18世纪，以提埃波罗所绘的壁画而广为人知。

⑤ 伊斯玛仪派：伊斯兰教什叶派的主要支派之一，亦称七伊玛目派。

⑥ 阿迦汗：伊斯兰教伊斯玛仪派尼扎乐尔支派王朝的世袭称号，自1818年开始使用。这派人是穆罕默德的女婿阿里·本·阿比·塔利卜和穆罕默德的女儿法蒂玛的直系后代。

⑦ 提埃波罗：18世纪意大利画家，代表作《基督受难》，画风稳健。

⑧ 艾尔莎·夏帕瑞丽：20世纪著名时装设计师，她的作品突破了高级时装的种种限制，突显了女性的美感。

⑨ 洛可可（Rococo）：产生于18世纪的法国，后来遍及整个欧洲的一种艺术风格，具有轻快、精致、细腻、繁复等特点。

1956年佛杜拉和朋友们在位于卢卡的玛利亚别墅聚会

纪的丝绸长袍，以中国帝王上朝的方式入场；我变身为时间老人，护送着“四个季节仙子”——这被人们称赞为最时髦的入场方式；活泼的米拉格罗·科隆纳公主扮演夏天，多弥蒂拉公主扮演秋天，美国出生的康斯薇洛·克雷斯皮伯爵夫人是春天，而十七岁的劳多米娅·德尔·德拉戈公主则装扮成冬天。毫无疑问，我们又一次引领了国际化的时尚潮流。

任：

这些时尚人物的交际活动让你如鱼得水，但对我而言，却相当乏味。每次参加这些活动时，我都有一种极端无聊的感觉。每个参加者都摆着僵硬的姿势，面带不变的微笑，说着自己都不信的谎话。

佛：

你说的这种现象是真实的，但也需要去适应，明知是表演，只要有人关注还是要演得好一些才行。

任进参加“爱心衣橱”慈善活动

任：

这些活动对你的创作有用吗？

佛：

还好，只是和这些被大众关注的名人聚会，使我更容易被大家知道。我的作品在这群时尚领军人物中间流行，让我有一种成就感。同时，这也是我与顾客交流的机会。你不必委屈自己被动地参与这样的Party，时尚界非常势利，当你的影响力到达一定程度时，他们自然会主动邀请你参加的。而且设计师的创作与作品的成功和这种交际活动并没有什么直接的关系，这顶多只能为设计师和作品增加一个展示机会。

定制灵感

所谓灵感不过是那些刻苦钻研的成功者用于掩饰自己不为人知的悲催过程的一种说辞。

——任进

任：

听说你后来还添加了首饰定制的服务？对于那些不太熟悉的顾客，他们在你这里定制设计珠宝的流程是怎样呢？

佛：

首先要从与顾客交流开始，了解需求。如果顾客把自己的宝石交给我们设计，就先要检验宝石。一周后请顾客来看看设计图。设计图经过多次调整最终确定之后，客户交纳定金，我们在规定期限内交货。

任：

在这个过程中风险还是不少的啊，特别是贵重的宝石在加工时不慎发生碎

粉红色蓝宝石十字架吊坠（佛杜拉作品）。镶嵌钻石的丝巾造型象征着维罗妮卡[①]的面纱。

青金石镶嵌钻石耳钉（任进作品）

① 维罗妮卡：百老汇经典惊悚剧《维罗妮卡的房间》中的人物。

裂的时候如何处理啊？

佛：

与顾客商量，赔货或者赔钱呗。当然也有能通过设计隐藏破损的时候，好的设计有时能发挥奇效。

设计定制珠宝，这在欧洲已经司空见惯了，但对于当时的美国人来说还是新鲜事。一本杂志上曾刊登过一篇文章，鼓励读者把那些过时的玫瑰形钻石戒指交给我重新设计，让它们更加戏剧化，成为有趣并且不可复制的饰品。

我最具创造性的一件设计作品就源于这项特殊的定制服务。一位顾客不小心摔碎了自己心爱的紫水晶，我巧妙地将几束镶有钻石的金属棍固定在水晶的裂缝处，将其制成了一个闪电形的胸针。

任：

定制的设计作品是你最好的宣传品。

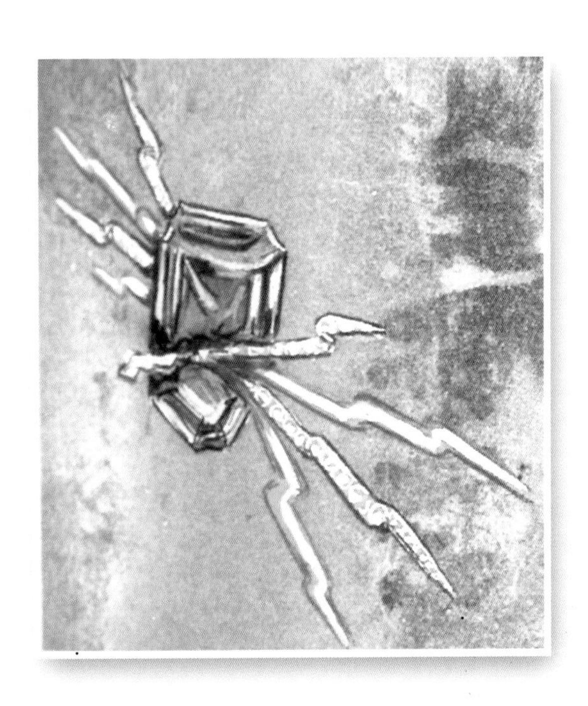

闪电形紫水晶胸针（佛杜拉作品）。设计于20世纪40年代

手机壳作品（任进作品）

佛：

没错，随着科尔·波特的音乐剧《红色、火热与忧郁》热映，我的香烟盒霎时成为收藏家们的头等猎物。而我自己却从来不把它们带在身上，太重了，一包骆驼牌香烟足矣！

当时，美国人普遍认为，最能勾起他们占有欲望的莫过于我设计的一个经过漂白的皮制烟盒，皮革的表层被网状的金属片包裹着，毫无瑕疵，令人惊叹。

任：

定制的首饰更能代表佩戴者高贵的地位。

佛：

不可否认，特别定制的金属盒向来被人们视为财富和身份地位的象征。亲英派们的烟盒盖上雕刻着德国科隆圣阿尔本教堂①的外形轮廓；哥伦比亚广播公司董事长威廉·佩利的烟盒上装饰着一幅南美地图，他以此纪念自己1940年那场轰动一时的十八国之旅——途中，他建立起了美洲的信息传播网。

任：

收藏你作品的都有哪些尊贵的客人呢？

---

① 圣阿尔本教堂：科隆最古老的教堂之一，二战时被战火毁坏，只有四壁幸存。

钻石戒指作品（佛杜拉作品）。重达21.5克拉，为贝比·佩利设计。照片中的贝比正佩戴着这枚戒指

黄铂金钻石餐具（任进作品）

佛：

很多，诸如此类具有特殊意义的纪念盒曾一度在温莎王室中盛行。20世纪30年代中期，温莎公爵和夫人互相赠予了对方一个镶有红、蓝宝石的金盒子，盒盖上有一幅欧洲地图，并用珐琅精心勾勒出了他们的地中海巡游路线。这是我的作品。

任：

除了为皇族设计定制类产品外，你有没有为其他人设计过呢？

佛：

当然有，例如我为美国烟草大王的女儿桃瑞丝·杜克（Doris Duke）设计过一枚非比寻常的豪华胸针。这枚胸针首先在不规则的巴洛克珍珠上镶嵌黄金和铂金，又以钻石和绿松石来表现硬币背面的雷鸟，其灵感来源于微不足道的五分钱硬币。桃瑞丝非常喜爱这枚胸针，并再次向我预定了一枚相似的复制品——以平铺的钻石代替异形珍珠。

任：

值得拥有的定制珠宝饰品必须具备明显的个性化特征，符合设计师的独特魅力和女人对珠宝的感悟。你的青蛙胸针就具有这样的潜质，它被大家称赞为“一鸣惊人”。听说有些青蛙造型的珠宝设计作品深深吸引了温莎公爵，并被他收藏了。

佛：

另外，还有很多人在我的沙龙定制过首饰，比如蒙娜·万·俾斯麦[①]夫人，她尤其喜爱我设计的海蓝宝石系列；又比如贵族家庭出身的时尚潮人弗朗西斯·斯科特小姐，她对未经雕琢的宝石非常着迷。在我一长串的客户花名册里，来自好莱坞的顾客还包括费雯·丽、瑙玛·希拉（Norma Shearer）、艾琳·赛尔（Irene Purcell）、玛琳·黛德丽[②]、塞缪尔·高德温（Samuel Goldwyn）和奥森·威尔斯[③]。在电影《费城故事》[④]中，我还为凯瑟琳·赫本饰演的角色特别设计了装饰品。

① 蒙娜·万·俾斯麦（Mona Von Bismarck）：20世纪30年代的时尚名媛。

② 玛琳·黛德丽（Marlene Dietrich）：德裔著名美国演员兼歌手，是好莱坞20世纪二三十年代唯一可以与葛丽泰·嘉宝分庭抗礼的女星，可谓家喻户晓。

③ 奥森·威尔斯（Orson Welles）：美国著名导演、编剧、演员，代表作《公民凯恩》（*Citizen Kan*）。

④ 《费城故事》（*The Philadelphia Story*）：1940年由乔治·库克执导的经典喜剧。由凯瑟琳·赫本、詹姆斯·斯图尔特、加里·格兰特主演。另有1993年，乔纳森·戴米执导，丹泽尔·华盛顿、汤姆·汉克斯主演的《费城故事》。

与达利同展

每天早晨醒来,我都在体验一次极度的快乐,那就是成为达利的快乐。

——萨尔瓦多·达利

任:

你和达利的作品联合展出过吧，你们俩的艺术风格似乎不太相配呀。

佛:

有这事。当年作为一名出色的经理人，卡雷斯·克罗斯比（Caresse Crosby）有着敏锐的投机意识，她希望我能加入到这个“以艺术之名打造时尚盛宴和商业奇迹”的活动中来。她计划让我和达利合作，共同设计一套珠宝，然后在即将举办的达利个人展上将它公诸于众。

任:

把你这个珠宝设计大师和偏执狂艺术家达利凑到一块儿，是否有些牵强呢?

佛：

尽管从一开始我也觉得有些不妥，但这么做并非毫无道理。毕竟，我们都曾是博蒙特和德·诺阿耶沙龙里的常客，彼此熟悉。达利的赞助人当中也包括香奈儿和佛西尼·卢西尼——这点也与我相似——香奈儿还专门在她的私人房产中为达利布置了一间画室。作为辛迪加[①]组织的特殊会员，从1933年以来，他们就开始资助达利了。

任：

撇开社会关系，单纯从一名艺术家的角度来看，你和达利以前从来没有那么亲密地合作过吧？

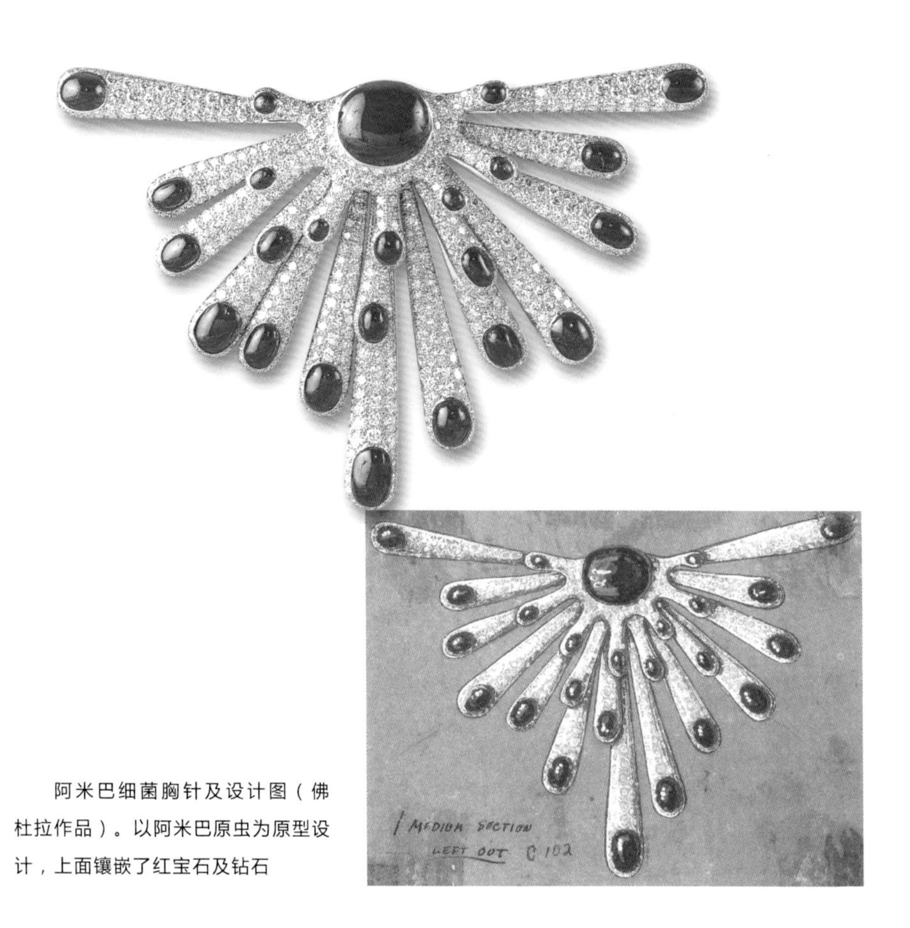

阿米巴细菌胸针及设计图（佛杜拉作品）。以阿米巴原虫为原型设计，上面镶嵌了红宝石及钻石

① 辛迪加：源于法语词Syndicat，意思为“组合”。辛迪加属于低级垄断形式，是通过少数处于同一行业的企业间相互签订协议而产生的。

佛：

是的。但是在意大利之旅结束后，达利完成了从古典主义向超现实主义的转变，而此时我设计的作品已经具有很鲜明的超现实主义风格了，设计的戒指造型常常面目狰狞、张着大嘴，大个儿的宝石被镶嵌在波浪形的底座中——这是在模仿海葵的触角，同时也是为了折射出更好的光泽。于是，我们两个人渐渐地有了一些共同点。

任：

在这一时期，你的那些令人称赞的设计都清晰地反映了达利主张的“柔软线条”理论：例如扇形的阿米巴细菌胸针，该胸针中间镶嵌着一块弧面红宝石，周围叠加的三部分是可以移动的，分别是伸展的头部、裹有钻石的外壳和红宝石的尖角。作为一名带有西班牙血统的西西里贵族后裔，你最突出的一个特点就是具有与伊比利亚天才画家相同的惊人天赋。

佛：

所以，当克罗斯比的提议最终引起我的兴趣时，她建议我和达利见一面，以便商谈合作事宜。

我写给戴安娜·弗里兰的信被以电报公函的形式刊登在《时尚芭莎》上，旁边还附着一张颜色艳丽的油画《橡树林》，这正是达利留给人们的印象：火辣的太阳刚刚下山，降到了地平线以下；个子不高的黑人伙计扛着旅客们的行李；干枯的树下躺着一个泛着哑光的头盖骨。这个散发着艺术灵感的科学怪才，像极了爱伦·坡的心理恐怖小说《厄舍古厦的倒塌》中的罗德里克·厄舍[①]。当我拜访达利时，他正准备提笔描绘自己还未出生时在母亲子宫里的情境，虽然只有他一个人，但极其美好而温暖。我们俩共同参观了达利的作品，这位艺术家激动地指着那轮血红的落日说：“罗亚尔河[②]，真野蛮！”

任：

但是，和毕加索热情回应不同，你对此显得无动于衷，还对达利傲慢地说：“我虽然从没见过这幅景象，但我感觉它是肮脏的，像从毕加索的蓝色时期[③]开始就没有倒过的烟灰缸一样。”这有点过分呀。

佛：

当我们决定去野外享用晚餐的时候，达利作品中的一幕出现了：“晚饭过

① 罗德里克·厄舍：《厄舍古厦的倒塌》中的主人公。在小说中，他疯狂地为妻子画像，而他的妻子的灵魂仿佛转移到了画作上，随着肖像完成，他的妻子也停止了呼吸。

② 罗亚尔河（Loire River）：法国第一大河，河两岸随处可见古时遗留下的古堡群，上面刻着法兰西人民战胜外族侵略的历史。

③ 蓝色时期：指毕加索从1900年到1904年往返于法国和西班牙之间的一段时期。这段时间的毕加索生活贫困，作品中带有浓烈的忧伤气息，这段时期因而被称为毕加索的蓝色时期。

香烟盒作品（佛杜拉作品）。设计于1940年，由黄金和彩色宝石制成，盒盖上有一幅达利的绘画作品《晚间的长腿爸爸》

后，我们可以去墓地附近捡一些骨头。你能找到很多可爱的小块骨头，然后把它们做成饰品，这简直太美妙了。公墓里有一个亭子，等月亮一出来，我们就去那儿吧。”在梦中，我披着风衣痛苦地挣扎着。虽然我没有原则，但是天知道，一旦我有了原则就会坚持下去。当然，绝不是指捡死人骨头这件事。当我起身准备往外走时，差点就被收音机的长天线绊倒了。我转向达利，大胆地猜测着，在这么一个没有光线的房间里，你是怎么生活的？也许他是住在天堂吧。

任：

此时，你已经被达利的作品带入了催眠状态。职业画家中的佼佼者多数是疯子，无论是毕加索还是达利都是精神上的偏执狂，他们感性强于理性，喜怒无常，对外界刺激极端敏感，在情绪化的制作过程中创造出的作品主观性极强。而珠宝首饰设计师相对理性得多，他们要考虑材料、成本、佩戴舒适度等客观的需求。

佛：

和他们相处确实也让我很不适应，我们好像生活在两个世界。由于首饰作品的制作时间很长，所以我们加班加点连夜赶制，终于在1941年4月22日至5月15日在曼哈顿市中心的朱利恩·列维画廊，联合展出了我们的作品。

任：

自从朱利恩·利维首次展示了你们的超现实主义的作品后，就奠定了自己非凡的画廊地位。

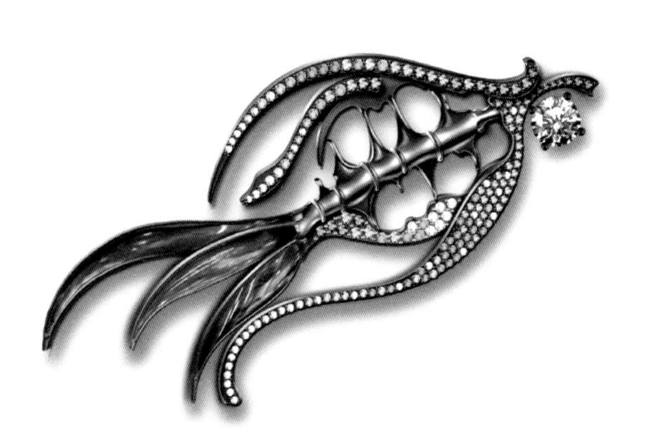

"骨与肉"系列（任进作品）

珍珠作品“病毒”（任进作品）

生命的再造

要时刻记住，作品是有灵魂的。

——佛杜拉

任：

早在1953年，热衷于珠宝收藏的历史学家让·埃文斯就预言：“艺术型的珠宝饰品前景不乐观，或者说它根本没有市场。”

佛：

虽然从历史记载中看来，珠宝始终是以艺术形式存在的，但在那个时候，所谓的时尚风潮完全由贵族引领。而如今，消费群体有所改变，需要盛装出席的场合越来越少，用来搭配珠宝的服饰类型也愈发单调。1954年，在英国女王伊丽莎白二世的加冕礼后，女士头冠才重新开始流行起来。

任：

你似乎从来没有设计过那种比较商业化的简单指环。

佛：

我对金银细丝制成的指环没有丝毫的热情，那算不得首饰。但我对形状古怪的东西有着极大的兴趣，例如我曾设计过一枚单手造型的象牙胸针，首先用象牙雕刻出一只手的形状，使之戴着金属网状的手套——装饰了蝴蝶结、袖扣和戒指，手里握着一颗黑色珍珠或者是心形的红宝石。这件作品多少显得有些灵异和怪诞。

任：

你的珠宝与配饰始终被大家看作时尚的必需品。由你设计的女士烟嘴，前端以粉红色石英石来表现沾上了口红的装饰效果。还有化妆盒，已然成了一幅便携式的风俗画，其中一个盒子借鉴了柳条筐的外形，筐里装着由碧玺和绿松石制成的“彩蛋”——就像是送给孩子们的复活节礼物。另外一个八边形的金质粉盒，盒盖上镶嵌着粗糙的化石，按扣却出其不意地采用有光泽的黑珍珠，这样一来便形成了强烈的反差效果。在效仿18世纪后期的一件设计作品中，黄金的药丸盒上装饰着精致的苔纹玛瑙。还有一个椭圆形的粉盒，盒盖上排列了二十四枚美国鹰洋金币①。背面雕刻着印第安酋长的肖像画。

佛：

你对我的作品很熟悉嘛。

花形图案始终洋溢着清新的气息，无论与它搭配的是华丽的晚礼服还是简陋的雨衣。我设计的一枚水仙花形胸针引起了人们的广泛关注，它的造型堪比一株生动的水仙花，其茎部由祖母绿制成，花瓣上镶嵌着钻石，花蕊处以黄色钻石代替。这枚胸针可以拆分为两部分，也可以组合成一个整体来佩戴。在为阿兰·德·罗斯柴尔德②男爵夫人设计一条项链时，我将一条粗糙的祖母绿链子重新改制成了两串风格迥异的花形项链，花朵由双层的珠串连接，上面镶嵌着钻石。我将这条项链命名为“女王的印记”。

任：

是呀，提起佛杜拉，人们脑海中最先浮现的就是那些五彩斑斓、颜色犹如调色板般绚丽的彩色宝石。其中有一款名为“彩色衣领”的项链，被你表现得如此夸张，以至于人们常常将它们误认为是用假宝石制作的赝品。

① 鹰洋金币：1985年美国国会授权美国造印局铸造，1986年正式在世界范围内发行经销。由于白头鹰是美国国徽上的主要形象，而金币背后又刻着象征团结的白头鹰一家四口，故称其为鹰洋金币。

② 阿兰·德·罗斯柴尔德：罗斯柴尔德家族的第五代，法国人。

“女王的印记”项链（佛杜拉作品）

佛：

哈哈，仿制品总是仿制最好的，不是吗？

任：

彩釉技术的引进极大地拓宽了珠宝首饰的色彩范围，但当时美国各个珠宝公司为什么都尽量避免在高级珠宝中使用珐琅釉呢？

佛：

可能是因为他们怕市场不接受吧，也可能是因为那些珠宝商用不好彩釉，

蜗牛胸针（佛杜拉作品）。蜗牛上坐着丘比特，以钻石红宝石和珐琅制成

但我却很想重拾这种传统工艺。在法贝热之后，几乎失传的彩釉技术成为了欧洲珠宝设计师们的重大难题。安德烈·谢尔文是一个年轻的法国瓷釉工艺品设计师，他曾四处拜访美国的各大珠宝公司，最后都以失败告终，直到遇见我，才非常高兴地发现，有人愿意以身试险，引用彩釉技术来制造高级珠宝，于是他欣然接受了与我合作的机会。

任：

而你也总算找到了一名技艺高超的瓷釉技师，能将你的设计图纸变为现实产品了。

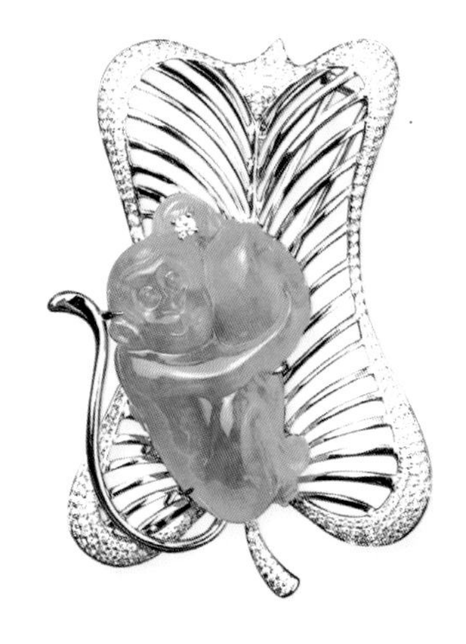

翡翠、红珊瑚雕件二次设计作品（任进作品）

佛：

是的，我们共同研发了多项新的技术。例如以条纹状的红色珐琅来代替隐秘镶嵌的红宝石。又比如在花形的珠宝饰品中，采用内填珐琅来表现细长的花瓣茎脉等。在另外一款改良版的莲花项链中，蓝色和绿色的珐琅底釉增强了蓝宝石和弧面祖母绿的表面光泽度。

任：

植物造型的首饰你设计了不少呀。

佛：

在我所设计的一系列花卉造型的珠宝饰品中，有绽放的花朵、摆在底座上的树杈，还有海蓝宝石花瓶里插着的红宝石、蓝宝石和钻石花束。为保罗·梅隆夫人设计的胸针包含一棵沿墙生长的苹果树，以及一株草莓灌木丛，它们被摆放在粗凿的水晶石上。另外一枚为劳伦斯·洛克菲勒[①]夫人设计的花束形胸针，

异形珍珠作品“玉兰花胸针”（任进作品）

① 劳伦斯·洛克菲勒（Lawrence Rockefeller）：洛克菲勒家族的第三代传人，是现代风险投资的开拓者，将自己从洛克菲勒家族继承来的财富翻了数倍。

莲花形项饰（佛杜拉作品）。为亚尔伯特·拉斯克[1]夫人设计，由钻石和珐琅制成

① 亚尔伯特·拉斯克（Albert Lasker）：美国广告业巨头。

糖果托盘（佛杜拉作品）。1968年为贝奇·惠特尼[①]设计，由原石和黄金制成

① 贝奇·惠特尼：贝比·佩利的妹妹。

树形摆件作品（佛杜拉作品）。设计于1967年，其底座是一个玫瑰色石英石制成的小山丘，树枝上悬挂着圆形和椭圆形的微型画作，相框四周镶嵌了蓝宝石和锆石

上面雕刻了雏菊、金盏花、罂粟和风信子，我用白钻、黄钻、蓝钻以及祖母绿和蓝宝石来表现这些美丽的花儿。此外，我还为阿兰·德·罗斯柴尔德男爵夫人设计了一件独特的纪念品，既体现了优雅的贵族气质，又具有怀旧意义。

任：

叶形线是我设计教学的第一线条，它对于控笔能力、造型美感来说都十分重要。有人说“没有一片树叶是相同的”，这虽属于哲学上的论点，但在我们珠宝设计师的创作中，却得到了更明确的表现——叶叶不同，叶叶美。

还有一些原石上的自然纹理也被你巧妙地应用到了首饰设计中。

佛：

可以说，我是在用尽全力还原那些几乎被人们遗忘在石灰石匾上的绘画，按照石头雕刻的原有形状来设计和构图。当像苔纹玛瑙、白玉髓、红玛瑙、碧玉或者是透明的石膏被切成薄片的时候，它们呈现出的纹理就像是一幅山水画。实际上，直到启蒙时代，它们都还被人们看作是自然世界中存在的超现实产物。

任：

现在的新材料如彩色K金、钛合金、铝合金以及多种彩色宝石，甚至各种非传统宝石材料的加入，让设计语言更加丰富了。如果有更多的材料加入到珠宝首饰设计中就更加理想了。

神奇的盒子

你可以拿着它、打开它、炫耀它、把玩它，或者将它放在桌子上，每个人都无法将视线从它身上移开。

——*Verdura*

任：

有些题材相对具象，只有通过一个较大的画面才能完美表达。这时候你就会巧妙地选择用珠宝来设计盒子盖啦。

佛：

也不全是，有时候是客户要求设计盒子的。在短期内，我连续为科尔·波特设计了五款香烟盒。1939年10月16日，在科尔编曲的美国喜剧电影《晚餐的约定》（*The Man Who Came to Dinner*）首映式当晚，我设计了一个长方形的银制盒子，盒盖上用黑色珐琅描绘着科尔和两位主演的肖像漫画——分别是蒙蒂·伍利（Monty woolley）和约翰·霍伊特[①]。题词为："致科尔，在我们心里

① 约翰·霍伊特（John Hoyt）：美国演员、编剧、制片，代表作《埃及艳后》、《时间隧道》等。

你是最棒的。”提词者为该剧的编剧。这是我这一段时间为科尔·波特设计的第一款香烟盒。同年12月6日，我又为科尔设计了一款香烟盒，这是为了庆祝艾索尔·摩曼[①]的杰作《璇宫绮梦》（*Du Barry Was a Lady*）首演，该剧同样是由科尔编曲。实际上，科尔会针对烟盒的设计方案提出意见，但最后的成品总会让他大吃一惊。接下来是我为纪念1940年2月上映的《百老汇的旋律》（*The Brodaway Melody*）所设计的烟盒，这部电影演员阵容包括弗雷德·阿斯泰尔和埃莉诺·鲍威尔[②]，由波特配乐。这个烟盒上的题字为“科尔·波特，作曲者”。1940年10月30日，波特收到了我为艾索尔·摩曼的又一力作《巴拿马战役》（*The Battle of Panamn*）专门设计制作的香烟盒，作品神奇地再现了巴拿

贝壳状烟盒（佛杜拉作品）。也可作为粉盒使用，黄金制成

① 艾索尔·摩曼（Ethel Merman）：美国百老汇歌星，亦为舞台剧、电影演员，代表作《疯狂女郎》、《安妮，拿起你的枪》、《吉普赛人》。

② 埃莉诺·鲍威尔（Eleanor Powell）：美国著名演员兼舞蹈家，曾是另一位美国著名演员格伦·福特（Glenn Ford）的妻子。

马草帽上的精细纹路。一年后，我又为弗雷德·阿斯泰尔和丽塔·海华丝[①]主演的电影《黄金梦》（*Greams of Gold*）设计了一款瑰丽的烟盒。

任：

这堪称你的又一经典之作。该盒子从外观上看是长方形，但人们习惯将它称之为“贝壳状烟盒”，因为盒身表面的肌理就像海蛤壳上的生长纹一样。

佛：

那些在晚会上沉迷于女权主义游戏的女性们把我的化妆盒当作是随身携带的装饰品。一次聚会上，坐在桌子最末端的女士拿出了她的香粉盒，仅仅几分钟，桌子另一端的女士也相继拿出了粉盒。

继扇子之后，香粉盒成为女性最好的撒娇工具。据*Verdura*，一位法国的时尚记者曾兴奋地谈道：“你可以拿着它、打开它、炫耀它、把玩它，或者将它放在桌子上，每个人都无法将视线从它身上挪开。到了晚上，这些神奇的盒子将会赋予人们新的装扮：当女性娇柔的双手握着这个小东西的时候，就显示出她们妩媚、娇弱的一面，暗示着想要获得男人的保护；然而另一方面，这个小盒子也表现出了女性轻佻的本性，她们知道自己需要变得坚强起来，因为她们需要的东西尽在自己的掌控之中。在这个饱含不确定因素的上流社会，女性唯一可以确保的就是将所有的时尚必需品握在自己手中。”

任：

分析得很透彻，你可真了解女人！

佛：

与普通女性一样，克雷斯皮女伯爵也十分喜爱随身携带她的由海蓝宝石和黄金制成的香粉盒，这些装饰让她觉得既美观又充实。

紧接着，男人们也加入到了这场游戏中来。他们全都带着香烟盒，然后装作不经意地将它们掏出来摆在座位上。

我设计的香烟盒种类繁多，从优雅的到素裹的，应有尽有。盒盖上雕刻着叶片和羽毛的形状，或者是在表面涂上一层黑色珐琅，然后系上嵌满了钻石的蝴蝶结。

任：

我知道，你还有一些更加具有想象力的设计，例如一款黄金的香烟盒上镶嵌着弧面图钉帽形的赤铁矿，看上去就像是雨后巴黎小径上的鹅卵石。

---

① 丽塔·海华丝（Rita Hayworth）：原名马格丽塔·卡门·坎西诺，美国20世纪40年代红极一时的性感偶像，代表作《吉尔达》。

蛇皮手包（任进作品）

最后的巴勒莫

我坚持认为，只有生活在战前西西里的人才知道什么是快乐。

——夏尔·莫里斯·塔列朗《美好的生活》

任：

二战后，你的名声已经很大了。

佛：

1945年，意大利解放不久，阿布迪夫人就溜进了香奈儿在罗马的店铺。在那里她试了一件又一件的衣服，并急切地向老朋友讲述着自己的近况，说她准备投入共产主义的怀抱。

“这是什么？”加布里埃尔喃喃自语，并伸手指向一个华丽的雪茄盒，盒盖上镶嵌着被金属网包裹的粉色碧玺——阿布迪的手提包敞开着，香烟盒在不经意间滑落出来。

任：

很显然，它是出自佛杜拉之手。

佛：

当然。接下来，我盼望已久的意大利之行终于如愿以偿，但结果却令人心酸。当我抵达时，那里正在举行全民公决废除君主制的投票。一群顽固的皇室分子期望萨伏依王朝[①]在西西里建立一个独立的王国，现在看来，他们的幻想彻底破灭了。我和老朋友翁贝托二世聊了一整夜，这是我停留在意大利国土的最后一晚了。翁贝托二世在父亲退位之后继承了王位，1946年6月13日，他遭到了流放。虽然我从不打领带，但是那一天，我系上了一条黑色的领带，并以此表示对君主制度消亡的默哀。

任：

曾有报道，在1943年5月，有四百架美国飞机轰炸了巴勒莫，这是真的吗？

佛：

是的，佛杜拉宫殿遭受到两次严重的袭击，连远房堂兄朱塞佩·兰佩杜萨的家也被无情地摧毁了。他在著名的小说《豹》里悲哀地写道："从客厅的天花板，到不知疲倦的摇椅，它们微笑着相互凝望，如同夏日长空般不折不挠。本以为那便会是永恒，来自匹兹堡的炸弹却向我们证明了事实并非如此。"

由于没有足够的资金来修缮住宅，我们再也无法使它们恢复以往的光彩，祖母的遗物依旧残破地搁置在我房间的角落里。不知为何，此时的巴勒莫笼罩着一股莫名的压迫氛围，仿佛再也回不到从前了。

任：

唉，你所熟悉的快乐家园一去不复返啦！

佛：

就像夏尔·莫里斯·塔列朗[②]的一首乡愁诗《美好的生活》中所写："他自豪地向外国人介绍着这个小岛，并附有标准的机场迎宾语'欢迎您来到美丽的西西里'。我坚持认为，只有生活在战前西西里的人才知道什么是快乐。"

---

① 萨伏依王朝：历史上著名的王朝，1861年至1946年期间统治意大利。翁贝托二世即是这个王朝的最后一位国王。

② 夏尔·莫里斯·塔列朗：法国大革命时期的政治人物。

紫春项牌（任进作品）

魂归故里

愿我被埋葬在家族陵墓教堂的阴影里，那是一个宁静祥和鸟语花香的地方，身边有亲人好友的陪伴。

——佛杜拉

任：

在20世纪六七十年代，你的珠宝作品显示出了惊人的活力和创造性，这一点无疑标志着一位伟大的艺术家已经日渐成熟。

佛：

我将一系列的抽象元素引入了珠宝设计中——用朴实的黄金来表现随意的图形，例如那些胡乱描绘的涂鸦等。我喜欢以K白、K黄或者是玫瑰金镶嵌钻石来表现细长、优美的曲线，这一灵感来源于南美洲伏都教[1]的捆绑式绳结手链，它取代了先前流行的线形钻石手链。我为阿兰·德·罗斯柴尔德男爵夫人

① 伏都教：又译巫毒教，是糅合祖先崇拜、万物有灵论、通灵术的原始宗教。伏都教也是贝宁的国教。

松果形胸针（佛杜拉作品）。设计于1950年，上面镶嵌了钻石

设计的一颗无暇级钻石，采用了新型镶嵌法，以小尖爪将钻石固定在两条嵌满钻石的弧形缎带之间。此外，我还为年轻的时尚编辑玛丽·麦克法登（Mary McFadden）设计了一枚订婚戒指，上面镶嵌着一颗十克拉的蓝色钻石，周围环绕着青金石。

任：

在人们看来，你的珠宝堪比旧时代的大师作品。比如在你的最后一个以松果为主题的作品集里，你甚至详细介绍了松果的外形和内在结构。

佛：

也许对于我而言，最具有设计意义的作品是一枚卷曲的“荷叶蕨”[①]胸针。叶脉上镶嵌着钻石，以此来增强直观的视觉效果。这片叶子的外形来源于摄影大师卡尔·布劳斯菲尔德[②]的摄影集《自然的艺术形式》。

任：

不好意思，我想打听一下，有没有一些顶级品牌诚邀你加盟呀？

佛：

这个还真有。我曾经收到了一封来自卡地亚的邀请函，他们表示对组建稳定的设计师团队非常感兴趣，就像蒂芙尼先后与20世纪最负盛名的珠宝设计师让·史隆伯杰、帕洛玛·毕加索和艾尔莎·柏瑞蒂（Elsa Peretti）合作一样。假如我接受卡地亚的邀请，那么就意味着拥有了一张顶级珠宝设计师的身份证明和一个久负盛

① 荷叶蕨：曾是地球上最古老的生命，分布极广，种类极多，其叶翠绿，令人神清气爽。

② 卡尔·布劳斯菲尔德：德国摄影家，以丰富而独特的植物肖像摄影作品闻名于世。

名的个人作品展台——卡地亚第五大道橱窗柜。我对此感到受宠若惊。

任：

但最终你还是拒绝了。

佛：

尽管时代变迁，我始终不适应与人共处。

任：

当有传言称你即将隐退时，收藏者们纷纷冲向店里，唯恐这是他们得到的最后一件佛杜拉珠宝。做到了这个份上，你确实没有必要加盟其他品牌了，你就是最好的品牌。

佛：

名气大了，人也老了，身体不行啦！在掌腱膜挛缩症[①]的影响下，我的右手神经受到了严重损害，这迫使我不得不马上动手术。但是更具毁灭性的是一场突如其来的车祸。

当我和几个朋友在贝尔格雷弗广场[②]吃晚餐的时候，一辆疾驰而过的车将我撞倒。因为这场车祸，我不得不住院治疗，然后回到家中休养。毫无疑问，这加速了病情的恶化。

佛杜拉素描作品。画中佛杜拉和汤姆·帕尔正前往约翰·本杰明位于康沃尔[③]的房子

① 掌腱膜挛缩症（Dupuoytren's Contracture）：是一种侵犯掌腱膜，并延伸至手指筋膜，最终导致掌指及指间关节挛缩的进行性发展的疾病。

② 贝尔格雷弗广场（Belgrave Square）：位于伦敦的著名广场。

③ 康沃尔（Cornwall）：美国纽约州东南部城镇，为哈得孙河（the Hudson River）沿岸著名的夏季疗养地。

任:

认真调查一下，会不会是你的作品收藏者为了让你的作品成为绝版升值而下此毒手呀?

佛:

那还不至于，你的想象力也够丰富的。

任:

据说，为了庆祝七十四岁高寿，你在纽约21俱乐部举办了一个盛大的生日会。美国歌手鲍比·肖特（Bobby Short）和科尔·波特还共同弹奏了一首钢琴曲。

佛:

对我而言，这同时也是一场“纽约告别会”。

任:

看来，虽然身体每况愈下，但你仍然坚持着自己一贯的生活方式。

佛:

萨琳娜公主临终前的遗言始终在我的脑海里回荡着：“贵族家庭的意义就在于他们所坚持的传统，这是最重要的回忆。你是一位卓尔不群的贵族后裔，贵族家庭与其他的普通家庭完全不同。”

任:

你是1978年8月15日去世的。同年9月，汤姆将你的骨灰盒带回了西西里，中途停顿于比萨，那里有你最忠诚的朋友佩奇·布朗特。当汤姆·帕尔带着珍贵的包裹——你的骨灰盒，经过海关的时候，被拦截了下来——他们把这当成了大麻，于是便拉响警报叫来了宪兵和警犬。幸运的是，佩奇·布朗特跳过栅栏用意大利语平息了纠纷。想必你听到，也会喜欢这场闹剧的。

佛:

还有这种事情？我死了还差点儿闹出事，这的确挺有意思的。自从母亲去世以后，我就决定不再踏入西西里半步。母亲于1961年2月2日离世，享年九十一岁。在参加完葬礼后，我离开了这片土地并发誓再也不回来，还绝望地将房间钥匙扔进了院子里的井底。但是，现在我又回来了，而且长眠于此，永远不会再离开家乡和亲人了。

永远的导师

师者，传道授业解惑也。

——韩愈《师说》

任：

我看过许许多多著名珠宝设计师的作品，有些繁复精美，但显然过于传统；有些简洁流畅，但实在缺乏内涵；而你的作品，却能游离在经典与简约之间。生动具象者，令人叹为观止，却没有人的思想；几何抽象者，让人有所感悟，却没有自然的奇巧；而你的作品，则在生动形象中适宜地加入了个人的想象。有的首饰设计师习惯以宝石为中心，这只是在为宝石做衣裳；有的设计师则喜欢以造型为中心，在作品中牵强地加上宝石；而你，则将宝石与造型巧妙地合为一体，似乎这宝石就是为这造型而生的。追新求异者不少，但其作品明显美感不足；服从商业规则也不乏成功者，但难免落于俗套；而你虽然不以追求商业利益为目的，却用自己的作品说服了众多高人，创造了品牌价值的奇迹。大多数珠宝设计师一生只做过首饰，而跨界设计师少有成功者；可只要是沾珠宝的东西，你都做得极有品位。有些品牌全球闻名，但产品乏善可陈，只有佛杜拉品牌的作品最具魅力。

佛：

过奖了，任大师。我不过是做了自己喜欢的事情而已。

任：

以珍珠为主材的巴洛克风格海豚、拉斐尔风格[①]的丘比特、北斋波浪钻石、洛可可的叶形装饰，无一不显示了你的博学多才。在朋友和客户中，你被称为“活字典”，是一个文化底蕴深厚、综合素养极高的人。同时，和其他设计师最为不同的是，你的作品饱含生命力。

佛：

我总是希望创造出让自己和朋友们都喜欢的作品。

任：

在保守派钟情于你的设计的同时，那些时尚的、见多识广的顾客也会被这些不断推陈出新、品类齐全的珠宝所诱惑。你的设计，因找到了约束和华丽、高雅和亲民间的完美平衡而获得了年轻顾客的青睐。有人曾说：“佛杜拉对于自然、文化、宗教的参悟使得他的作品成为经典。毫无疑问，佛杜拉是一个革命家，他改变了全世界，他将所有东西变得摩登起来。”

贝壳形胸针（佛杜拉作品）

① 拉斐尔风格：拉斐尔的画作和谐、圆融、优美、温和，本书作者以此来形容那些与拉斐尔画作拥有类似风格的作品。

海蓝宝石胸针（佛杜拉作品）。镶嵌了钻石，重达六十克拉

佛：

我可真不是什么革命者，只是比别人更幸运一些。

任：

你的竞争对手争相模仿你的作品，可就连模仿者也很困惑，为什么你丝毫不介意他们对你作品的模仿，反而以此为乐呢？

佛：

我有什么理由去在意这些事情呢？有人抄你的作品也是你成功的标志之一，我可没时间在意这些。

任：

但我想，你的创造天分是抄不走的。对我而言，虽然从心里并不愿意，可是作为一个老师，就该让学生“抄”呀！我的学生们也喜欢“参考”我的作品，同样，我也会不自觉地“抄袭”你的作品呀。就连我的照片也是按照你的形象拍摄的，你可千万别责怪我啊！要不然还是请你正式收我为徒吧，这样我就可以理直气壮地向你学习了！按照我们中国的习惯，我姓“人”，你姓“佛”，人拜佛求护佑是正常的。

佛：

快起来吧！不必行此大礼。你的一些作品我也很喜欢，如果你愿意，有时间我们可以多聊聊。作为长者，我就做你的老师吧。不过，“弟子不必不如师”，你还年轻，早晚会超过我的。

任：

我也不年轻啦。但无论如何，你永远是我的导师！

佛杜拉与任进

附　录　佛杜拉故乡行

啊，我多么希望
我的怀念的回音
像这茫茫的黑夜里
大海的轻涛细浪
飘然来到你的身旁

——萨尔多瓦·夸西莫多《海涛》[1]

海蓝宝石项链（佛杜拉作品）

① 萨尔多瓦·夸西莫多：意大利诗人，诺贝尔文学奖获得者。《海涛》选自其代表作品集《日复一日》。

2013年7月6日，我和兆亮珠宝董事长姚华镔，以及RJ任进工作室执行总监乌日娜，一行三人来到了意大利。这次去意大利的主要目的，不是看威尼斯水城，也不是为了看米兰大教堂，而是去西西里岛探寻我的心灵导师——佛杜拉的成长之路。这次自由行的引导者是一本关于佛杜拉的传记小说。

2013年7月6日，当飞机降落在巴勒莫的时候，我看到的景象是：一面大山，一面大海。在我的印象里，西西里就是这样一个海岛，在山的阴影下是一条非常流畅的滨海路，这条路延伸到好远，路的两旁不断有绿色植物闪过。

傍晚，我们来到了预先订好的格兰德酒店（Grand Hotel）。这个酒店很有意思，房顶很高，人很稀少，大厅很宏伟，到处都有古董。我以为这些古董是仿制品，拿过酒店介绍一看才明白，原来这个地方在1857年就成了酒店，但在这之前的数百年一直是宫殿。难怪同行者都认为这家酒店有点恐怖阴森，有古堡幽灵的感觉，估计在欧洲有很多这样的古董和文物。

在酒店前台我见到一位年长的前厅服务员，我问他是否知道佛杜拉。这可是个生在西西里，成长在巴勒莫的名人呀！看着我所写的英文名字，老人想了好一会儿，·才说了一句，“佛杜拉”在这里有两个意思：一个是剧院的名字，另一个是一种意大利的特色青菜。哎呀，我的偶像变成菜了！怎么没人知道他，这次千万别白来啦！

尼谢米别墅

我们计划要去参观的有四个点，首先要去找他小时候跟祖母一起生活的那栋别墅，叫尼谢米别墅。我们很顺利地找到了，但到了别墅门口才发现气氛有点儿不对。尼谢米别墅门口为什么会站着两个警察呢？可继续往里走吧，也人没拦着，这又是怎么回事呢？

我们进了一个非常大的院子，院子里有一棵树，大极了，还有一些光秃秃的树干。有一些小鸟在飞，这就有一点佛杜拉小时候动物园的感觉了。再往前走是一个环形的建筑群，这一圈三层的小楼，围了出一个空场，空场里有树有长椅，我们就在中间坐了下来。不对，除了警察以外还有两部警车在那停着，这是什么地方？我们会不会进了意大利警察局了？

我们在那几个警察忙碌的时候，硬着头皮进了他们的办公室，警察们没拦着，也没理我们。当我们刚刚走进第一个厅房时，出来一个胖子，他问我们：“你们好，从哪来？我是巴勒莫的市长，莱奥卢卡·奥兰多。”他说的是标准的英文，可他说出来的话却让人觉得很奇怪。

“啊，市长，我们从中国来。”

“哦，中国，我去过四川，见过大熊猫，很有意思。”说着他拿出一张印刷好的纸——原来是他的简历。

他自我介绍，从1986年到今天，他六次被选为巴勒莫的市长，据说他的支持率超过70%。他当过意大利议员，还当过欧盟议员，甚至还出过七本书，演过几部电影。很有意思，是个人物。

他很平易近人，跟我们聊天照相，问我们为什么来这儿。我问，你知道佛杜拉吗？听了他的回答我们才知道，原来这里就是他的故居，而现在已经成了巴勒莫市政府的办公地之一。他是我们在意大利碰到的唯一知道佛杜拉的人，很亲切。

大家一起照了合影，他在简历上给每个人写了不同的题词。接下来，我们参观了各个房间，但房间太多了，我们只走了三分之一左右。

让我感到有意思的是，佛杜拉传记里的那幅画面出现了：一个大花瓶和一套家具，加上背景墙上的油画。这个景象被我照了下来，当然花瓶已经不在原地了。我在佛杜拉曾经坐过的椅子上、弹过的钢琴旁都留了影，这真是一次非常愉快并且有意外收获的旅行。

出来的时候，我们又碰到了奥兰多市长。“啊，你们参观你们的，我要去接待俄罗斯的议员去了”，他说。

巴勒莫市长与任进合影

佛杜拉故居——尼谢米别墅一角

佛杜拉故居——尼谢米别墅一角

任进与姚华镔在尼谢米别墅合影

蒙德罗海滩

离开了尼谢米别墅，我们的下一个目的地就是蒙德罗海滩。因为不知道在意大利是先买车票后上车，我们就先上了车。上了车之后跟司机说买票，我们给了他五欧元，他破例准许我们上车。当然，因为去那里的人很多，车上也有会英文的人，他们热情地教我们怎么去刷那张卡。

蒙德罗海滩依旧漂亮，海滩的一边已经人满为患，人多得可以和北戴河最热闹的海滩相媲美。那些身穿泳装的人，都躺在自己铺的塑料布和毛巾被上，从海滩一直躺到马路边上。

但是另一边的海滩是私人的，那里有一些会所俱乐部豪华游艇会，上面盘旋着直升飞机，底下是很漂亮的游艇。这个地方人很少，因为只有会员、高级会员才可以去休息，他们往往是海滩边别墅的拥有者。

我想，如果佛杜拉活着，他也会在这片美丽的海边享受阳光。蒙德罗海滩是当年佛杜拉最喜欢的地方，它给佛杜拉带来了海阔天空的感受，也是让他走出西西里岛看世界的一个出发点。

海螺胸针（佛杜拉作品）。钻石和珐琅制成

蒙德罗海滩

乌日娜在蒙德罗海滩

圣奥索拉墓地群

我最想去看看佛杜拉的陵墓。可他的墓碑在哪呢?

佛杜拉在传记里写道，他希望死后能葬在教堂阴影下的家族墓地中，和自己的亲人们永远在一起。他有一个哥哥，刚出生一百多天就去世了，为了让家族继续传承下去，所以才有了他。因为他很想和那个没有见过面的哥哥葬在一起，所以我觉得，那个墓地应该是一个小花园，旁边是个教堂。可是巴勒莫有很多墓地，佛杜拉的墓碑到底在哪里呢?

我们研究发现，巴勒莫只有一个墓地有教堂，就是圣奥索拉墓地。我们跟司机说，拉我们到圣奥索拉墓地。司机觉得很奇怪，他一边开车一边询问我们："你们确定要去那儿吗，还是你们要看西西里的奇迹——古尸群?"我说不是。司机又问："那你们为什么要去这儿呢?为什么要去那个教堂呢，是不是走错了?"我说我们要去看望一个老朋友。司机很感动，一直把我们拉到大墓园的门口。

这里有成千上万个墓碑，每个墓碑的形状都不同。于是我们就问墓地工作人员，教堂在哪?我想墓地应该在教堂附近，可几百个看下来，仍然没有佛杜拉的名字，也没有那张帅气的照片。天慢慢有点阴了，我们还是没有找到，我心里不免有点郁闷。同行的人连比划带说地告诉看墓的人，我们要查档案。可档案上并没有佛杜拉的名字，这或许是因为意大利人名太复杂，而我们又不知道佛杜拉全名的原因。于是，我们又通过官网查佛杜拉的全名，之后再重新翻档案，直到翻到1978年去世者的第三本目录才找到。我松了口气，去看看到底在哪里。

我当时心里是既激动又紧张，生怕去看了之后又不是。跟着守墓人绕来绕去，终于找到了墓碑的位置。

可这哪儿是墓碑，就是一个平躺的大理石板。石板呈黄褐色，什么字都看不清楚，我拿手擦一擦，看到了那个数字——54号。就是它。"一定吗?你能确定吗?"我们反复问守墓人。他说就是它，没错。我把手里拿的菊花放到墓上，照了张相，不管心里是多忐忑，好赖是见到了佛杜拉的归属。

正在我们拍照留念的时候，那守墓人又回来了，他拿了一瓶水，里面插满了菊花，我是很想看看这墓碑的真面目，于是顾不上手疼，蘸着水，把墓碑上的字洗了又洗，终于洗出来一行字——是佛杜拉的姓。我把菊花插在瓶中，放在墓碑上。我想因为他没有后人，在他去世之后，也就再也没有人没有来扫墓，我很可能是唯一一个。

最后，我按照佛杜拉惯用的姿势在墓地照了张相，我想如果墓碑上有雕像，应该就是这样的。

离开墓地，我心里充满了悲哀：这么伟大的一个珠宝设计师，默默葬在这样一个无人知晓的简易墓地里，他会怎么想，我不知道。我想，那些以佛杜拉名字命名的珠宝经营者都应该来看一看，来追忆一下这位伟大的设计师。

任进在佛杜拉墓前

马西莫剧院

回到宾馆。宾馆门口有一个马车夫，很热情地拉着我们上了马车，围着整个巴勒莫市转了一圈。一路上他兴高采烈地用意大利语为我们介绍，我们也听不太明白，就只能看街景和拍照，最后到达了我们的目的地——马西莫剧院。

这个剧院当时是欧洲的第三大剧院，佛杜拉当时经常随着长辈在这里看剧，而且他们坐的是贵族包厢。这座剧院确实很宏伟，从远处看很高大。这么小一个地方居然有这么多剧院，很有意思，这说明当时巴勒莫的贵族和市民的文化生活还是很丰富的。

在剧院的门厅里面悬挂着很多演出的大海报，还有剧情介绍等，照片很精彩。什么是历史呢？历史就是积淀下来的。一个一个剧目演下来，演了几百年，还能坚持到今天，它一定是顶级的歌舞剧院。我想这里的戏剧和每一个人物都会印在佛杜拉的心里，他从小看到的这些东西，成为他以后很多设计的思想来源，包括棋子首饰上生动的人物，还有化妆舞会上那些很有风格的戏剧性装束。他不是凭空想出来的，而是受剧院中精彩的演出和那些人物设计的影响创造出来的。

马西莫剧院入口

马西莫剧院门厅悬挂的演出海报、剧照

任进和姚华镔在马西莫剧院大厅参观

巴勒莫，一个让我难以忘怀的地方，如果有机会，我还会再来。如果能再次来到这里，我希望能把佛杜拉的照片镶嵌在他的墓碑上，告诉世人：曾经有这么一位长得很帅，才情无限的设计师。让意大利人、西西里人，尤其是巴勒莫人重新认识他。让大家知道，有一个对我这个远隔万里的中国人都有着深刻影响的，对世界珠宝业有卓越贡献的伟大的设计师，就出生在巴勒莫。他的作品依然在卖，他的品牌仍然在世界顶级富人圈流行。佛杜拉的故事应该续写下去。

后 记

这段时间，与导师佛杜拉的交流，的确让我受益匪浅，解决了不少我原来百思不得其解的问题。无论是在设计思路的扩展、材质的选择，还是与高端客户的交流、品牌价值的提升，甚至是文化价值的实现方面，都对我有着很现实的指导意义。和佛杜拉朋友们的看法一样，最打动我的仍旧是佛杜拉老师充满生命活力的珠宝设计作品。请原谅我如此卖力地向大家推介佛杜拉，因为只有他的伟大作品才能唤醒人类失传已久的优雅和艺术。

佛杜拉墓碑效果图（任进作品）

MARTINO IAMBRICH
N. 54

图书在版编目（CIP）数据

珠宝的快乐 / 任进著. -- 北京 : 中国友谊出版公司, 2014.9

ISBN 978-7-5057-3418-0

Ⅰ. ①珠… Ⅱ. ①任… Ⅲ. ①宝石－普及读物 Ⅳ. ①TS933.21-49

中国版本图书馆CIP数据核字（2014）第190943号

书名 珠宝的快乐

作者 任 进

出版 中国友谊出版公司

策划 杭州蓝狮子文化创意有限公司

发行 杭州飞阅图书有限公司

经销 新华书店

制版 杭州真凯图文设计制作有限公司

印刷 杭州五象印务有限公司

规格 787×1092毫米 16开

12.75印张 50千字

版次 2014年9月第1版

印次 2014年9月第1次印刷

书号 ISBN 978-7-5057-3418-0

定价 78.00元

地址 北京市朝阳区西坝河南里17号楼

邮编 100028

电话 （010）64668676